新工科·普通高等教育机电类系列教材

电工技术实验

主　编　卜红霞　杨振军　庞兆广

副主编　齐耀辉　赵晓博　黄立枝　吴淑花

参　编　盖彦荣　李　峥　玄金红　陈　燕

　　　　朱雪刚　任天强

机械工业出版社

本书依据教育部高等学校电工电子基础课程教学指导分委员会制定的电工学课程教学基本要求，以培养和提高学生的动手能力、分析问题和解决问题的能力及综合素质为目标，在编者多年教学实践与改革的经验基础上编写而成。

本书从实验课的目的、实验的总体要求、实验安全操作规程和实验故障检查与排除出发，由浅入深，循序渐进地介绍了涵盖直流电路、动态电路、交流电路和电机4部分的24个实验。本书在内容编排上理论与实践结合、基本操作与技能实训结合，较全面地反映了实践教学体系，从而方便教师进行实验指导与学生自主实验。

本书可以作为高等院校非电类专业电工技术实验课程和电类专业电路实验课程的教材，也可作为高职高专院校及成人教育的教材或参考书，同时可供相关领域人员参考。

图书在版编目（CIP）数据

电工技术实验 / 卜红霞，杨振军，庞兆广主编 .
北京：机械工业出版社，2025.5. -- （新工科·普通高等教育机电类系列教材）. -- ISBN 978-7-111-77970-4

Ⅰ. TM-33

中国国家版本馆 CIP 数据核字第 2025ES2419 号

机械工业出版社（北京市百万庄大街 22 号 邮政编码 100037）
策划编辑：王玉鑫　　　　　　　责任编辑：王玉鑫　张振霞
责任校对：梁　园　刘雅娜　　　封面设计：王　旭
责任印制：张　博
河北泓景印刷有限公司印刷
2025 年 6 月第 1 版第 1 次印刷
184mm×260mm · 10.5 印张 · 251 千字
标准书号：ISBN 978-7-111-77970-4
定价：35.00 元

电话服务　　　　　　　　　　网络服务
客服电话：010-88361066　　机 工 官 网：www.cmpbook.com
　　　　　010-88379833　　机 工 官 博：weibo.com/cmp1952
　　　　　010-68326294　　金 书 网：www.golden-book.com
封底无防伪标均为盗版　　机工教育服务网：www.cmpedu.com

前　言

　　本书以培养和提高学生的动手能力，分析问题、解决问题的能力及综合素质为目标，贯彻落实党的二十大精神，在习近平新时代中国特色社会主义思想引领下，按照教育部高等学校电工电子基础课程教学指导分委员会制定的电工学课程教学基本要求（电工技术部分），依据新的实验教学体系，结合高等院校本科生的实际情况和编者多年来从事电路及电工学实验课程的教学经验编写而成。

　　本书实验的内容覆盖了多学时和少学时等不同层次的教学，难易程度符合教学要求。本书是高等院校理工科电类专业电路实验课程和非电类专业电工技术实验课程的教材，可供电气信息类各专业及用电知识较多的非电类专业使用，也可作为其他各类院校电路实验及电工技术实验课程的教材或参考书。

　　本书包括直流电路实验、动态电路实验、交流电路实验和电机实验等内容，共计24个实验。参与本书编写工作的有卜红霞、杨振军、庞兆广、齐耀辉、赵晓博、黄立枝、吴淑花等，其中卜红霞、杨振军和庞兆广担任主编。在编写本书的过程中，编者参考了一些教材及其他文献的相关内容，在此向所有参考文献的作者表示衷心的感谢。

　　河北师范大学白彦魁教授和刘彩霞教授对本书进行了细致的审阅，提出了宝贵的意见和修改建议。本书先后得到了包括教师在内的许多读者的支持，他们提出了不少建设性意见。本书的出版得到了河北师范大学的资助。在此，编者一并表示感谢。

　　写作的过程是不断学习、思考、完善和提高的过程，即便如此，由于编者水平有限，书中难免存在疏漏和不足之处，敬请读者批评指正。

编　者

目　　录

绪 论

在电工技术实验中，使用真实的元器件和仪器需要直接采用380V/220V的交流电源供电，实验过程中一旦出现接线错误或操作不当，将产生烧毁设备，甚至危及人身安全的严重后果。因此，参加实验者务必认真阅读本章内容，在了解实验课目的的基础上，掌握电工技术实验的总体要求、安全操作规程以及实验故障检查与排除的基本方法。

1. 实验课的目的

实验是一种认识世界、检验理论的实践性工作。通过实验可掌握并提高实验的基本技能和解决实际问题的能力，巩固理论知识，培养良好的科学作风。实验教学作为将理论知识应用于实践的一种手段，是培养科学技术人员的重要环节，是培养学生创新思维和实践能力的重要途径。实验教学与理论教学是相辅相成的，许多理论知识只有通过实验才能更清晰、更深入地理解。在实验过程中，通过具体操作，既可以验证理论知识的正确性和实用性，又可以促进学生主动学习理论知识。

电工技术实验是与电工技术课程相配套的实验课程，是理工科专业学生不可或缺的重要实践教学环节，是一门将电路和电工技术理论用于实际的实践性很强的课程，在培养各专业学生工程应用能力、创新能力和协作精神的过程中扮演着非常重要的角色，在培养学生实践能力的过程中起着承上启下的作用。通过该课程的学习，达到以下目的：

1）掌握常用电子仪器和电工仪表的使用方法和基本电量的测量方法。

2）能够根据要求正确连接实验电路，分析并排除实验中出现的故障。

3）能够对实验现象及结果进行分析和处理。

4）能够根据要求进行简单电路的设计，并正确选择电路元器件及仪器设备。

5）训练学生的电路基本实践技能，真正理解与掌握电路和电工技术基本理论、基本知识和基本技能。

6）培养学生运用电路和电工技术基础理论分析和解决实际问题的能力，加深对电路理论的理解和认识。

7）加强学生工程实际观念，养成良好的实验习惯，培养学生理论联系实际的学风和严谨细致的作风，为本学科的专业实验、生产实践和科学研究打下基础。

2. 实验的总体要求

根据教育部高等学校电工电子基础课程教学指导分委员会制定的电工学课程教学基本要求（电工技术部分），结合教学实践和改革经验，为达到上述实验目的，对实验提出以下总体要求：

1）实验前通过预习，明确实验目的，掌握实验原理，了解实验内容，对实验注意事项做到心中有数，避免实验过程中对出现的问题无从下手或因操作失误而损坏设备。

2）实验课需提前 5 ~ 10min 到场，按编号就位，对照实验教程清点和熟悉实验用设备；认真听取主讲教师对实验及要求的讲解，听从实验教师的指导，实验中不许随意更换实验台。

3）根据实验内容合理选择、布局实验仪器设备和接线，严格遵守各项规章制度，不要动用与本实验无关的仪器设备。

4）测量前认真检查电路；测量时对测量对象和出现的现象是否合理有一个正确的判断，分析排除故障；如实记录仪器设备测量的结果，不得抄袭、更改或伪造实验数据。

5）仪器设备发生故障时，应立即停止使用，并报告指导教师，凡违反纪律或操作规程造成实验仪器损坏，必须填写事故损坏报告单，视情节轻重及本人态度进行教育、赔偿或处分。

6）实验数据测试完毕后，先不急于拆线，应对数据做初步的整理，检查是否有错误或遗漏，如测量不合理需要重新测量，确定无误后经指导教师评阅签字确认，方可拆线。将仪器设备和导线等按照实验前的摆放归位，清理实验环境，记录好本次实验仪器、仪表编号，以备实验结果有问题时查找原因，经指导教师同意后离开实验室。

7）实验课后，整理、分析实验数据与现象，数据处理过程要充分发挥图表和曲线的作用，对实验中发现的问题、事故及处理方法也要进行分析，并回答有关的思考题，总结心得体会、疑惑及建议，独立完成实验报告。

3. 实验安全操作规程

电工技术实验自始至终都是和电打交道，学生来到实验室要严格遵守实验室安全用电规则，在完成实验任务的同时，确保人身安全和设备安全。

1）实验时必须遵守"先接线，后通电；先断电，后拆线"的操作原则。

2）在实验前认真学习仪器设备的使用说明，熟悉实验设备的操作规程。

3）在实验时特别是强电实验，必须在指导教师检查线路允许通电后才能接通电源，强电实验改线也需要指导教师检查同意后才能通电。

4）严禁学生带电接触实验室中任何裸露的金属部分，如出现触电事故，应立即切断电源。

5）实验时要特别注意电源的正、负极性，谨防短路损坏仪器设备。

6）遇到如出现声响、冒烟、异味、电源跳闸等突发事件时，一定要沉着冷静，不要慌乱，马上切断实验台电源，保护现场，报告指导教师。

7）严禁学生在实验过程中未经指导教师允许擅自更换实验元器件、实验设备等。

8）进行电动机实验时，应远离转动部位，防止导线、衣物、头发等被电动轴卷入而发生危险。

9）实验结束后要关断实验设备电源，整理好实验台，仪器设备按照实验室要求归位。

10）禁止在实验台上吃东西，避免食物特别是饮料洒到设备上造成仪器设备损坏。

4.实验故障检查与排除

实验过程中出现一些意想不到的问题甚至是故障是难免的，但切忌轻易拆掉电路重新连接，而是要运用所学知识，结合发现的异常现象进行认真思考，仔细分析形成的原因，查找到故障部位并予以排除。排除实验故障需要理解电路的工作原理，并能够从实验现象分析发生故障的原因，发现、隔离和纠正实验电路故障的过程是理论与实践结合的最佳切入点，有助于训练实验者分析问题和解决问题的能力，有助于提高实验者实验技能，积累经验，增加自信，提升实验的成就感。

电路的故障多发生在下列几种情况：

1）元器件引起的故障：包括元器件参数选择错误、元器件接入错误（如极性接错、元器件漏接或错接等）以及元器件损坏导致错误。

2）电路连接引起的故障：连接导线出现错接线、漏接线、多接线、短接线、导线断线、连接点出现错误或接触不良等。

3）实验测试仪器引起的故障：测试仪器本身有故障，导致功能失常；没有正确使用仪器引起故障，如选错量程或耦合方式，输入信号没有正确接入，仪器接地端处理不当等。

4）接地不当引起的故障：电路中所有接地的元器件没有共同接地、接地线的电阻过大、在单电源或正负双电源电路中共地点连接错误等。

根据故障发生的情况，按下列顺序检查电路元器件、仪器设备、仪表和连接：

1）检查电路中各元器件、仪器、仪表使用是否正确，连接是否完好和接触良好。

2）对标实验电路图，检查电路接线有无错接、多接或漏接等。

3）检查供电系统，从电源进线、熔断器、开关至电路输入端子，依次检查有无电压，是否符合额定值。

常见实验故障检查有以下方法：

1）断电检查法：关断电源，对照原理图对实验电路的每个元器件及连线逐一进行直观检查。观察元器件的外观有无断裂、变形、焦痕和损坏，引脚有无错接、漏接或短接，观察仪器仪表的摆放、量程选择、读数方式是否正确，发现问题进行更正。若直观检查没有发现问题，使用数字式万用表的"蜂鸣"挡或"二极管"挡检查各支路是否连通、元器件是否良好（若万用表的蜂鸣器有响声则表示线路连通，若指示为"1"且无响声，表示线路断开）。还可以通过电阻表量程测量其电阻值的大小来判断电路的连接情况。对于电容、电感元件（包括电动机和变压器），可用电桥（仪器）测量，根据测量值找出故障点。

2）通电检查法：当电路工作不正常时，用电压表或万用表的电压挡，根据实验原理逐一检测电路中疑点元器件、连接线间的电压，由电压的大小判断故障点。

第 1 部分

直流电路实验

本部分通过实验的方法，以由独立源、电阻和受控源构成的直流电阻电路为例，研究电路的基本规律和分析电路的基本方法。

1.1 仪表内阻测量与测量误差的计算

1.1.1 实验目的

1）熟悉各类电源和测量仪表的使用方法。
2）掌握电压表、电流表内电阻的测量方法。
3）掌握仪表测量误差的计算方法。

1.1.2 预习内容

预习分流法、分压法测量仪表内阻的基本原理，熟悉实验内容、测量数据的基本方法及本实验的注意事项，思考并回答以下问题。

1）如何应用分流法、分压法测量电流表和电压表的内阻？
2）用量程为 10A 的电流表测实际值为 8A 的电流时，该电流表读数为 8.1A，求该电流表测量的绝对误差和相对误差。
3）根据 1.1.5 实验内容的 "1" 和 "2"，若已通过测量数据求出 UT39A 型万用表直流电流 200μA 挡和直流电压 2V 挡的内阻，可否不经过分流法和分压法测量而直接计算得出该万用表直流电流 2mA 挡和直流电压 20V 挡的内阻？若不可以请说明理由，若可以请给出计算方法。

1.1.3 实验原理

在电路分析测量中，测量电流时，需将电流表串联在被测电路中，电流表的内阻会造成一定数值的电压降，也就是引起被测电路工作电流的变化，造成电流测量误差；在测量电压时，应将电压表并接于被测电路的两端，电压表的内阻会造成电流一定数值的分流，从而引起被测电路电压的变化，造成电压测量误差。这种由仪器、仪表内阻引入的测量误差称为方法误差，该误差的大小与仪器、仪表内阻值的大小密切相关。因此，通常采用分流法和分压法测量仪器、仪表的内阻，便于计算测量误差，然后通过适当方法减小误差。

1. 分流法测量电流表的内阻

分流法测量电流表内阻的电路如图 1.1.1 所示，其中 I_S 为可调恒流源（内阻为 R_A），

Ⓐ为直流电流表，S 为开关，R_1 为定值电阻，R_B 为可调电阻。测试时先将开关 S 置于断开的状态，调节可调恒流源 I_S 的输出电流，使电流表达到满量程值（指针表为满偏，数字表满量程但不溢出）；然后保持 I_S 值不变，合上开关 S，将阻值较大的定值电阻 R_1 与可变电阻 R_B 并联接入电路（选 R_1 与 R_B 并联，其阻值调节比单个可调电阻更为细微、平滑），调节 R_B 的阻值，使电流表指示在 1/2 满量程值；根据基尔霍夫电流定律（KCL），此时有

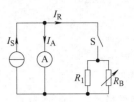

图 1.1.1　分流法测量电流表内阻的电路

$$I_A = I_R = I_S / 2$$

根据并联电路的分流关系可知，电流表的内阻为

$$R_A = R_B // R_1 = \frac{R_B R_1}{R_B + R_1} \tag{1.1.1}$$

式中，R_1 为定值电阻的阻值；R_B 由可调电阻的刻度盘读取。

以上即为分流法测量计算电流表内阻的方法。

2. 分压法测量电压表的内阻

分压法测量电压表内阻的电路如图 1.1.2 所示，其中 U_S 为可调直流稳压电源（可调恒压源），Ⓥ为直流电压表（内阻为 R_V），S 为单刀双掷开关，R_1 为定值保护电阻，R_B 为可调电阻。测试时先将开关 S 掷向短路线一端，调节可调恒压源 U_S 的输出电压，使电压表达到

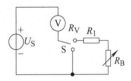

图 1.1.2　分压法测量电压表内阻的电路

满量程值（指针表为满偏，数字表满量程但不溢出）；然后保持 U_S 值不变，将开关 S 掷向电阻支路一端，将保护电阻 R_1 与可调电阻 R_B 串入电路，调节 R_B 的阻值，读取电压表示数 U_V，根据串联电路的分压关系可知

$$U_V = \frac{R_V}{R_V + (R_1 + R_B)} U_S$$

整理可得电压表的内阻为

$$R_V = \frac{(R_1 + R_B) U_V}{U_S - U_V} \tag{1.1.2}$$

式中，R_1 为定值电阻的阻值；R_B 由可调电阻的刻度盘读取。

以上即为分压法测量计算电压表内阻的方法。

3. 计算仪表内阻引入的测量误差

在图 1.1.3 所示的电路中，因为电压表Ⓥ的内阻 R_V 不为无穷大，在测量电压时将引入方法误差，其方法误差计算如下：

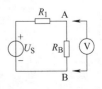

图 1.1.3　电压表测量电阻电压的电路

在没有并联电压表时，R_B 两端的电压由串联分压关系计算，即

$$U_{AB} = \frac{R_B}{R_1 + R_B} U_S \tag{1.1.3}$$

若 $R_B = R_1$，则 $U_{AB} = U_S / 2$。

现用一块内阻为 R_V 的电压表来测量 R_B 两端的电压值。当电压表并入 R_B 两端，即 R_V 与 R_B 并联后，AB 间电阻值发生改变，即

$$R_{AB} = \frac{R_V R_B}{R_V + R_B} \tag{1.1.4}$$

此时，R_B 两端的电压值也随之改变。以式（1.1.4）中的 R_{AB} 替代式（1.1.3）中的 R_B，则得到并入电压表后 R_B 两端的电压 U'_{AB} 为

$$U'_{AB} = \frac{\dfrac{R_V R_B}{R_V + R_B}}{\dfrac{R_V R_B}{R_V + R_B} + R_1} U_S$$

因此，并入电压表测量 R_B 两端电压时产生的绝对误差为

$$\Delta U = U'_{AB} - U_{AB} = U_S \left(\frac{\dfrac{R_V R_B}{R_V + R_B}}{\dfrac{R_V R_B}{R_V + R_B} + R_1} - \frac{R_B}{R_1 + R_B} \right) \tag{1.1.5}$$

由式（1.1.4）可知 $R_{AB} < R_B$，所以 $U'_{AB} < U_{AB}$，即 $\Delta U < 0$。由式（1.1.5）可知 R_V 的值越大，$|\Delta U|$ 越小，当 $R_V \to \infty$ 时，$\Delta U \to 0$。因此电压表的内阻越大产生的方法误差越小。但实际电压表内阻总是有限的，方法误差是不可避免的。

尽管仪表内阻引入的方法误差不可避免，但是可以通过实验的方法来减小。具体方法详见 1.2 减小仪表测量误差的方法。

1.1.4　实验仪器及设备

序号	名称	型号与规格	数量
1	可调直流稳压电源	0 ~ 32V	1 个
2	可调恒流源	0 ~ 200mA	1 个
3	万用表	UT39A 或其他	1 块
4	可调电阻箱	0 ~ 99999.9Ω	1 个
5	电阻器	1kΩ、20kΩ、80kΩ、510kΩ、1MΩ 等	若干个
6	开关	单刀单掷、单刀双掷	各 1 个

1.1.5　实验内容

1. 根据分流法原理测定 UT39A 型（或其他型号）万用表直流电流挡 200μA、2mA 和

20mA 三个量程（其他型号万用表选相当量级的量程）的内阻

1）按图 1.1.1 所示连接线路，将开关 S 断开，万用表置于直流电流 200μA 挡，定值电阻 R_1 选用阻值为 1MΩ 的电阻（1MΩ 为参考值，实验时若不合适，可根据实际情况进行调整），可调电阻 R_B 选用 0 ~ 99999.9Ω 可调电阻箱。在使用电阻前，最好用万用表的欧姆挡测量其实际值并记录。

2）缓慢调节可调恒流源输出电流 I_S，使万用表满量程但不溢出，并将 I_S 值记录到表 1.1.1 中相应位置。

3）保持恒流源输出电流 I_S 不变，将开关 S 闭合，把分流电阻并入电路，调电阻箱 R_B 的值，使万用表指示在 1/2 满量程值，记录万用表示数 I_A 和可调电阻箱阻值 R_B 于表 1.1.1 中相应位置。

4）将开关 S 断开，改变万用表直流电流挡量程（2mA 挡和 20mA 挡），重复步骤 2）~ 3）。

5）将可调恒流源输出电流调回到零，断开电源，拆除连线。

6）根据实测数据，按照式（1.1.1）计算万用表直流电流挡不同量程对应的内阻 R_A。

表 1.1.1　分流法测电流表内阻数据

被测万用表型号	万用表直流电流量程	恒流源输出电流 I_S	并联电阻后万用表示数 I_A	R_1	R_B	万用表相应量程内阻 R_A

2. 根据分压法原理测定 UT39A 型（或其他型号）万用表直流电压挡 2V 和 20V 两个量程（其他型号万用表选其相当量级的两个量程）的内阻

1）按图 1.1.2 所示连接线路，将开关 S 置于短路线一端，万用表置于直流电压 2V 挡，定值电阻 R_1 选用阻值为 510kΩ（或 1MΩ）的电阻（510kΩ 或 1MΩ 为参考值，实验时若不合适，可根据实际情况进行调整），可调电阻 R_B 选用 0 ~ 99999.9Ω 可调电阻箱。在使用电阻前，最好用万用表的欧姆挡测量其实际值并记录。

2）缓慢调节可调直流稳压电源输出电压 U_S，使万用表满量程但不溢出，并将 U_S 值记录到表 1.1.2 中相应位置。

3）保持直流稳压电源输出 U_S 不变，将开关 S 置于电阻支路一端，将分压电阻接入电路，改变三次可调电阻箱 R_B 的值，进行三次测量，记录可调电阻箱阻值 R_B 和与之对应的万用表示数 U_V 于表 1.1.2 中相应位置。

4）将开关 S 置于短路线一端，改变万用表直流电压量程为 20V 挡，重复步骤 2）~ 3）。

5）将可调直流稳压电源输出电压调回到零，断开电源，拆除连线。

6）根据实测数据，按照式（1.1.2），计算万用表直流电压挡各量程内阻 R_V。

表 1.1.2　分压法测电压表内阻数据

被测万用表型号	万用表直流电压量程 /V	直流稳压电源输出电压 U_S /V	R_1 /Ω	R_B /Ω	串联电阻后万用表示数 U_V /V	万用表相应量程内阻 R_V /Ω	$\bar{R}_V$ /Ω

3. 测量仪表内阻引入的误差

1）按图 1.1.3 所示连接电路，定值电阻 R_1 选用阻值为 510kΩ 的电阻（510kΩ 为参考值，可根据实际情况进行调整），R_B 选用 0 ～ 99999.9Ω 可调电阻箱，其值可选取表 1.1.3 给定的数值，调节可调直流稳压电源输出电压 U_S 为 2V，用万用表测量 U_S 的实际输出（不能使用电源本身显示屏 / 显示仪表的示数），并记录到表 1.1.3 中。在使用电阻前，最好用万用表的欧姆挡测量其实际值并记录。

2）将万用表置于直流电压 2V 挡，测量 R_B 上的电压 U'_{AB}，将数据记录到表 1.1.3 中相应位置。

3）更改 R_B 的数值，重新测量 R_B 上的电压 U'_{AB}，将数据记录到表 1.1.3 中相应位置。

4）将可调直流稳压电源输出电压调回到零，断开电源，拆除连线。

5）根据式（1.1.3）计算 R_B 两端的电压 U_{AB}，并计算测量值 U'_{AB} 的绝对误差与相对误差，计算结果记录到表 1.1.3 中相应位置。

表 1.1.3　仪表内阻引入的测量误差数据

U_S /V	R_1	R_B	计算值 U_{AB} /V	实测值 U'_{AB} /V	绝对误差 ΔU/V	相对误差 $\Delta U / U_{AB} \times 100\%$
		20kΩ				
		80 kΩ				

1.1.6　注意事项

1）启动实验台电源之前，应使其输出旋钮置于零位，实验时再缓慢地增、减输出，其数值的大小应由相应的万用表来测量。

2）在使用电源过程中直流稳压电源的输出不允许短路，恒流源的输出不允许开路。

3）直流稳压电源或恒流源通电初期，一般电源的输出不稳定，应稍等片刻再进行测量。

4）在使用仪表测量时，电压表应并联接入测量，电流表应串联接入测量，并且注意电压表与电流表极性与量程的合理选择，每次测量时一定要根据被测对象和数值范围选择合适的量程。

5）以上几点为实验的基本方法和要求，在其他实验过程中也都要遵守。

1.1.7 实验报告及问题讨论

1）回答或计算本节预习内容中的思考题，并通过实验数据检验相应结果。

2）列表记录实验数据，并计算各被测仪表的内阻值。

3）计算本节实验内容"3"的绝对误差与相对误差，由实验数据可得出什么结论？

4）如果误将电流表当作电压表使用，会产生什么后果？

5）总结、归纳本次实验，写出本次实验的收获与体会，包括实验中遇到的问题、处理问题的方法和结果。欢迎提出建议。

1.2 减小仪表测量误差的方法

1.2.1 实验目的

1）进一步了解电压表、电流表的内阻在测量过程中产生的误差及其分析方法。

2）掌握减小方法误差的基本原理和实验方法。

1.2.2 预习内容

预习减小方法误差的基本原理和实验方法，熟悉两次测量计算法减小方法误差的基本原理及实验方法；复习戴维南定理和诺顿定理的相关内容；熟悉实验内容、测量数据的基本方法及本实验的注意事项；思考并回答以下问题。

1）用具有一定内阻的电压表测出的端电压值为何比实际值偏小？请给出依据。

2）用具有一定内阻的电流表测出的支路电流值为何比实际值偏小？请给出依据。

3）如何减小因仪表内阻而产生的测量误差？主要有几种方法？

1.2.3 实验原理

在工程实践中，几乎任何一个工程技术领域都离不开电气性能方面的测量。电气测量的目的是获取研究对象特征的定量信息。例如在某线性电路中，需要测量某元件或支路的电压和电流，从而计算其消耗的功率。

在如图 1.2.1 所示线性电路中，测量某元件或支路的电压时，可以从被测元件或支路两端分别引出一条端线，并联接入电压表对其进行测量。从图 1.2.1 中可以看出，接入电压表之前的线性电路构成一个线性有源二端网络（虚线框中部分）。那么测量被测元件或支路的电压，相当于测量线性有源二端网络的开路电压。而根据戴维南定理可知，线性有源二端网络可以等效成一个电压源和一个电阻的串联，因此，线性有源二端网络的开路电压等效为一个电压源和一个电阻串联的开路电压。所以，测量线性电路中某元件或支路的电压，相当于测量一个电压源 E 和一个电阻 R_0 串联的开路电压。

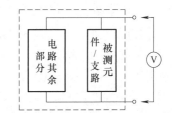

图 1.2.1 测量线性电路元件/支路电压示意图

同理，在线性电路中，测量某元件或支路的电流，相当于测量一个电压源 E 和一个电阻 R_0 串联的短路电流。请读者自行作图验证。

综上所述，以下论述中，测量被测元件或支路两端的电压和流过某支路的电流，直接用测量具有内阻 R_0 的电源 E 的开路电压 U_0 和短路电流 I 分别代替。

在电气测量时，由于各种因素的影响，测量结果和被测真值之间总存在着差别，这种差别被称为测量误差（简称误差）。误差的出现有时是难以完全避免的，即使是理论计算，也会由于取舍有效位数的不适当而产生一定的误差。因此，应尽可能采用合理的测试和计算方法，以达到在现有条件下产生的测量误差最小。当有一定误差时，也能做到对产生误差的原因心中有数，并能正确分析、估算误差值。

减小因仪表内阻而产生的测量误差主要有双量程两次测量计算法和单量程两次测量计算法两种方法。

1. 双量程两次测量计算法

当电压表的内阻不够高或电流表的内阻太大时，可以利用多量程仪表对同一被测量用不同量程进行两次测量，经计算后可得到比较准确的结果。

（1）双量程两次测量电压

如图 1.2.2 所示电路为被测线性有源二端网络的戴维南等效电路，R_0 为其等效电阻，一般较大。欲测量被测线性有源二端网络中某元件或支路电压，等效为测量其戴维南等效电路的开路电压。测量具有较大内阻 R_0 的电源 E 的开路电压 U_0 时，如果所用电压表的内阻 R_V 与 R_0 相差不大，将会产生很大的测量误差（仪表内阻引入的测量误差的计算见 1.1.3 小节）。

设电压表两挡量程的内阻分别为 R_{V1} 和 R_{V2}，在这两个不同量程下，测得的开路电压值分别为 U_1 和 U_2，由图 1.2.2 所示（开关 S 置于短路线一端）可得

$$U_1 = \frac{R_{V1}}{R_{V1}+R_0}E, \quad U_2 = \frac{R_{V2}}{R_{V2}+R_0}E$$

以上两式消去电源内阻 R_0，化简得开路电压 U_0 为

$$U_0 = E = \frac{U_1 U_2 (R_{V1}-R_{V2})}{U_1 R_{V2} - U_2 R_{V1}} \tag{1.2.1}$$

由式（1.2.1）可知，开路电压 U_0 与电源内阻 R_0 无关，即不论电压表的内阻 R_V 相对于电源内阻 R_0 如何，在已知或测得电压表两个量程内阻时，通过上述的两次测量结果，经计算后可以较准确地计算出开路电压 U_0 的大小。此处之所以说较准确地计算出开路电压，是因为计算用电压表内阻值有可能存在误差。

由之前的分析可知，线性电路中某元件或支路的电压，也可用双量程两次测量计算法测量并由式（1.2.1）计算得到。

（2）双量程两次测量电流

被测线性有源二端网络中某元件或支路电流，可通过测量如图 1.2.3 所示电路的短路电流得到。当内阻为 R_0 的电源 E 接入内阻为 R_A 的电流表 A 时（图 1.2.3 中开关 S 置于短

路线一端），电路中的电流为 $I = \dfrac{E}{R_0 + R_A}$ ，如果电流表的内阻太大，测出的电流将会出现很大的误差。

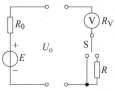

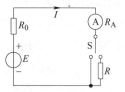

图 1.2.2　电压的两次测量计算法电路原理图　　　　图 1.2.3　电流的两次测量计算法电路原理图

用多量程电流表选两个量程做两次测量，设两个量程的内阻分别为 R_{A1} 和 R_{A2} ，两次测量的电流分别为 I_1 和 I_2 ，由图 1.2.3 所示（开关 S 置于短路线一端）可得

$$I_1 = \frac{E}{R_0 + R_{A1}} , \quad I_2 = \frac{E}{R_0 + R_{A2}}$$

以上两式消去电源内阻 R_0 ，化简得短路电流 I 为

$$I = \frac{E}{R_0} = \frac{I_1 I_2 (R_{A1} - R_{A2})}{I_1 R_{A1} - I_2 R_{A2}} \tag{1.2.2}$$

由式（1.2.2）可知，短路电流 I 与电源内阻 R_0 无关，即不论电流表的内阻 R_A 相对于电源内阻 R_0 如何，在已知或测得电流表两个量程内阻时，通过上述的两次测量结果，经计算后可以较准确地计算出短路电流 I 的大小。

由之前的分析可知，线性电路中流过某元件或支路的电流，也可用双量程两次测量计算法测量并由式（1.2.2）计算得到。

2. 单量程两次测量计算法

另外，还可用仪表的同一量程进行两次测量来减小测量误差。其中，第一次测量与一般的测量相同，只是在进行第二次测量时，需要在电路中串入一个已知阻值的附加电阻。

（1）单量程两次测量电压

测量电路仍为图 1.2.2 所示电路，设电压表的内阻为 R_V（内阻值 R_V 为测得或已知）。第一次测量时，开关 S 掷向短路线一端，电压表的读数为 U_1 ；第二次测量时，开关 S 掷向已知阻值的附加电阻器 R 一端，电压表读数为 U_2 。由图 1.2.2 所示的电路原理图可知

$$U_1 = \frac{R_V E}{R_0 + R_V} , \quad U_2 = \frac{R_V E}{R_0 + R_V + R}$$

以上两式消去电源内阻 R_0 ，化简得

$$U_o = E = \frac{R U_1 U_2}{R_V (U_1 - U_2)} \tag{1.2.3}$$

由式（1.2.3）可知，开路电压 U_o 与电源内阻 R_0 无关，即不论电压表的内阻 R_V 相对于电源内阻 R_0 如何，在已知或测得电压表该量程内阻时，通过电压表单量程的两次测量，

经计算后可以较准确地计算出开路电压 U_o 的大小。

由之前的分析可知，线性电路中某元件或支路的电压，也可用单量程两次测量计算法测量并由式（1.2.3）计算得到。

（2）单量程两次测量电流

测量如图 1.2.3 所示电路的短路电流 I，设电流表的内阻为 R_A（测得或已知）。第一次测量时将电流表直接串入电路，开关 S 掷向短路线一端，电流表的读数为 I_1；第二次测量时，开关 S 掷向附加电阻一端，与电流表串接一个已知阻值的电阻器 R，电流表读数为 I_2。由图 1.2.3 所示的电路原理图可知

$$I_1 = \frac{E}{R_0 + R_A}, \quad I_2 = \frac{E}{R_0 + R_A + R}$$

以上两式消去电源内阻 R_0，化简得

$$I = \frac{E}{R_0} = \frac{I_1 I_2 R}{I_2(R_A + R) - I_1 R_A} \tag{1.2.4}$$

由式（1.2.4）可知，短路电流 I 与电源内阻 R_0 无关，即不论电流表的内阻 R_A 相对于电源内阻 R_0 如何，在已知或测得电流表该量程内阻时，通过电流表单量程的两次测量，经计算后可以较准确地计算出电路电流 I 的大小。

由之前的分析可知，线性电路中流过某元件或支路的电流，也可用单量程两次测量计算法测量并由式（1.2.4）计算得到。

由上述分析计算可知，采用双量程两次测量计算法或单量程两次测量计算法，不管电表内阻如何，总可以通过两次测量和计算得到比单次测量准确得多的结果，从而减小由仪表内阻产生的测量误差。

1.2.4 实验仪器及设备

序号	名称	型号与规格	数量
1	可调直流稳压电源	0～32V	1个
2	万用表	UT39A 或其他	1块
3	可调电阻箱	0～99999.9Ω	1个
4	电阻器	10kΩ、20kΩ、100kΩ 等	若干个
5	电位器	0～10kΩ	1个
6	单刀双掷开关		1个

1.2.5 实验内容

1. 双量程电压表两次测量计算法减小测量误差

1）按图 1.2.2 所示连接线路（开关 S 置于短路线一端），选 $R_0 = 20\text{k}\Omega$（在使用电阻前，最好用万用表的欧姆挡测量其实际值并记录），缓慢调节可调直流稳压电源的输出电压为

2V，用万用表直流电压挡监测可调直流稳压电源的实际输出 U_o（不能使用电源本身显示屏 / 显示仪表的示数），并记录到表 1.2.1 中相应位置。

2）选取万用表合适的两挡直流电压量程（如 2V 和 20V 量程挡）进行两次测量，记录万用表直流电压挡量程、相应内阻（其内阻值参照 1.1 实验的测量结果）和测量数据于表 1.2.1 中相应位置。

3）根据式（1.2.1）算出开路电压 U_o' 的值，并计算其绝对误差和相对误差，将计算结果记录到表 1.2.1 中相应位置。

表 1.2.1　双量程两次测量开路电压数据

万用表直流电压挡量程	万用表内阻值 R_V /kΩ	双量程测量值 /V	R_0 /kΩ	直流稳压电源输出 U_o /V	测算值 U_o' /V	绝对误差 ΔU /V	相对误差 $\Delta U / U_o \times 100\%$
		$U_1 =$					
		$U_2 =$					

2. 单量程电压表两次测量法减小测量误差

1）实验线路仍按图 1.2.2 所示连接，选 $R_0 = 20\text{k}\Omega$（在使用电阻前，最好用万用表的欧姆挡测量其实际值并记录），可调直流稳压电源的输出电压仍取 2V，用万用表直流电压挡监测可调直流稳压电源的实际输出 U_o（不能使用电源本身显示屏 / 显示仪表的示数），并记录到表 1.2.2 中相应位置。

2）选用万用表直流电压合适量程挡（如 2V 量程挡），将该量程内阻（其内阻值参照 1.1 实验的测量结果）记录到表 1.2.2 中相应位置。

3）将开关 S 置于短路线一端，对开路电压进行一次测量，将测量数据 U_1 记录到表 1.2.2 中相应位置。

4）将开关 S 置于附加电阻器一端，串接 $R = 10\text{k}\Omega$ 的附加电阻器（在使用电阻前，最好用万用表的欧姆挡测量其实际值并记录），对开路电压进行一次测量，将测量数据 U_2 记录到表 1.2.2 中相应位置。

5）将可调直流稳压电源输出电压调回到零，断开电源，拆除连线。

6）根据式（1.2.3）计算开路电压 U_o' 的值，并计算其绝对误差和相对误差，将计算结果记录到表 1.2.2 中相应位置。

表 1.2.2　单量程两次测量开路电压数据

直流稳压电源输出 U_o /V	R_0 /kΩ	万用表内阻值 R_V /kΩ	附加电阻 R /kΩ	两次测量值		测算值 U_o' /V	绝对误差 ΔU /V	相对误差 $\Delta U / U_o \times 100\%$
				U_1 /V	U_2 /V			

3. 双量程电流表两次测量计算法减小测量误差

1）按图 1.2.3 所示电路连线（开关 S 置于短路线一端），取 $R_0 = 6.2\text{k}\Omega$（可由 10kΩ 电位器获取，由万用表欧姆挡监测），缓慢调节可调直流稳压电源的输出为 1V，用直流电压表监测可调直流稳压电源的实际输出 E（不能使用电源本身显示屏 / 显示仪表的示数），并记录到表 1.2.3 中相应位置。

2）选取万用表合适的两挡电流量程（如 200μA 和 2mA 量程挡）进行两次测量，记录万用表直流电流挡量程、相应内阻（其内阻值参照 1.1 实验的测量结果）和测量数据于表 1.2.3 中相应位置。

3）依据式（1.2.2）计算出电路中电流值 I'，并计算其绝对误差和相对误差，将计算结果记录到表 1.2.3 中相应位置。

表 1.2.3　双量程两次测量电路电流数据

万用表直流电流挡量程	万用表内阻值 R_A /Ω	双量程测量值 /mA	R_0 /kΩ	直流稳压电源输出 E /V	短路电流理论值 $I(I = E / R_0)$ /mA	测算值 I' /mA	绝对误差 ΔI /mA	相对误差 $\Delta I / I \times 100\%$
		$I_1 =$						
		$I_2 =$						

4. 单量程电流表两次测量计算法减小测量误差

1）仍采用本节实验内容"3"的实验线路（按图 1.2.3 所示连线，取 $R_0 = 6.2\text{k}\Omega$，用直流电压表监测可调直流稳压电源的输出，使 $E = 1\text{V}$，不能使用电源本身显示屏 / 显示仪表的示数）。

2）选用万用表合适电流量程挡（如 200μA 或 2mA 量程挡），将该量程内阻（其内阻值参照 1.1 实验的测量结果）记录到表 1.2.4 中相应位置。

3）将开关 S 置于短路线一端，对短路电流进行一次测量，将测量数据 I_1 记录到表 1.2.4 中相应位置。

4）将开关 S 置于附加电阻器一端，串联附加电阻 $R = 8.2\text{k}\Omega$（可由可调变阻箱获取，在使用电阻前，最好用万用表的欧姆挡测量其实际值并记录）进行一次测量，将测量数据 I_2 记录到表 1.2.4 中相应位置。

5）将可调直流稳压电源输出电压调回到零，断开电源，拆除连线。

6）根据式（1.2.4）求出电路中的实际电流 I' 的值，并计算其绝对误差和相对误差，将计算结果记录到表 1.2.4 中相应位置。

表 1.2.4　单量程两次测量电路电流数据　　　　　　　　　　（选用量程 _____ ）

R_0 /kΩ	直流稳压电源输出 E /V	短路电流理论值 $I(I = E / R_0)$ /mA	万用表内阻值 R_A /kΩ	附加电阻 R /kΩ	两次测量值		测算值 I' /mA	绝对误差 ΔI /mA	相对误差 $\Delta I / I \times 100\%$
					I_1 /mA	I_2 /mA			

1.2.6　注意事项

1）接通实验台电源之前，应使其输出旋钮置于零位，实验时再缓慢地增、减输出，其数值的大小应由相应的测量仪表来监测。

2）在使用电源过程中直流稳压电源的输出不允许短路，恒流源的输出不允许开路。

3）直流稳压电源或恒流源通电初期，一般电源的输出不稳定，应稍等片刻再进行测量。

4）在使用仪表测量时，电压表应并联接入测量，电流表应串联接入测量，并且注意电压表与电流表极性与量程的合理选择，每次测量时一定要根据被测对象和数值范围选择合适的量程。

5）以上几点为实验的基本方法和要求，在其他实验过程中也都要遵守。

1.2.7　实验报告及问题讨论

1）回答本节预习内容中的思考题。

2）双量程两次测量计算法和单量程两次测量计算法减小测量误差的依据是什么？主要区别在哪里？完成各项实验数据的测量与计算，比较分析双量程两次测量计算法与单量程两次测量计算法的优劣。

3）用两次测量计算法测量电压，绝对误差和相对误差是否等于零？为什么？

4）总结、归纳本次实验，写出本次实验的收获与体会，包括实验中遇到的问题、处理问题的方法和结果。

1.3　电路元器件伏安特性的测试

1.3.1　实验目的

1）学会识别常用电路元器件的方法。
2）掌握线性电阻、非线性电阻元件伏安特性的测试方法。
3）熟悉直流电工仪表和设备的使用方法。

1.3.2　预习内容

复习教材中关于电阻元件的内容，理解电阻元件的定义，了解电阻元件伏安特性关系；预习实验内容及方法，熟悉本实验的注意事项；思考并回答以下问题。

1）简述线性电阻与非线性电阻的概念，比较图 1.3.1 中几种电路元器件的伏安特性曲线有何区别？

2）若元器件伏安特性的函数表达式为 $I=f(U)$，在描绘特性曲线时，其坐标变量应如何放置？

3）稳压二极管与普通二极管有何区别，其用途如何？

1.3.3　实验原理

电路元器件的特性一般可用该元器件上的端电压 U 与通过该元器件的电流 I 之间的函数关系 $I=f(U)$ 来表示，即用 U–I 平面上的一条曲线来表征，这条曲线称为该元器件的伏安特性曲线。通过一定的测量电路，用电压表和电流表可测定元器件的伏安特性，由测得的伏安特性可以了解元器件的性质。

　　电阻元件是电路中最常见的元件，有线性电阻和非线性电阻之分。仅由电源和线性电阻构成的电路在实际电路中是很少见的，而非线性器件却常常有着广泛的应用，例如二极管，具有单向导电性，可以把交流信号变换成直流量，在电路中起着整流作用。

　　常用电阻的伏安特性如下：

　　1）线性电阻器的伏安特性符合欧姆定律 $U = RI$，其阻值不随电压或电流值的变化而变化，可用万用表的欧姆挡测得。伏安特性曲线是 U–I 平面上一条通过坐标原点的直线，具有双向性，如图 1.3.1 中曲线 a 所示。该直线的斜率等于该电阻器的电导值（即电阻值的倒数）。

　　2）白炽灯可以视为一种电阻元件，但其阻值不是一个常数，其灯丝电阻随着温度的升高而增大，不满足欧姆定律。一般灯泡的"冷电阻"与"热电阻"的阻值可以相差几倍至十几倍，通过白炽灯的电流越大，其温度越高，阻值也越大。即对一组变化的电压值和对应的电流值，所得 U/I 不是一个常数。所以白炽灯的阻值不能用万用表的欧姆挡测得，它的伏安特性是非线性的（如图 1.3.1 中曲线 b 所示，具有双向性），需要在含源电路"在线"状态下测量元件的端电压和对应的电流值得到。

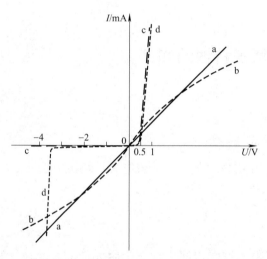

图 1.3.1　元器件的伏安特性曲线

　　3）半导体二极管也是一种非线性电阻器件，其伏安特性曲线是 U–I 平面上一条通过坐标原点的曲线，如图 1.3.1 中曲线 c 所示。半导体二极管的电阻值不仅随电压或电流大小的改变而改变，也随电压或电流方向的改变而改变。它的正向压降很小（一般锗管约为 0.2 ~ 0.3V，硅管约为 0.5 ~ 0.7V），正向电流随正向压降的升高而急剧上升，因此电阻值很小；而反向电压从零一直增加到十几至几十伏时，其反向电流增加很小，粗略地可视为零，电阻值很大，可见二极管具有单向导电性。但反向电压不能加得过高，如果反向电压超过二极管的极限值，则会导致二极管击穿损坏。

　　4）稳压二极管是一种特殊的半导体二极管，其正向特性与普通二极管类似，但其反向特性较特殊，如图 1.3.1 中曲线 d 所示。给稳压二极管加反向电压时，其反向电流几乎为零，但当反向电压增加到某一数值时（称为稳压二极管的稳压值），电流将突然增加，以后它的端电压将维持恒定，不再随外加反向电压的升高而增大，这便是稳压二极管的反向稳压特性。实际电路中，可以利用不同稳压值的稳压二极管来实现稳压。

电路中其他电路元件，如电压源和电流源的伏安特性详见 1.6 节。

1.3.4　实验仪器及设备

序号	名称	型号与规格	数量
1	可调直流稳压电源	0～32V	1 个
2	万用表	UT39A 或其他	1 块
3	直流数字 / 模拟毫安表		1 块
4	直流数字 / 模拟电压表		1 块
5	二极管	1N4007 或 2CP15	1 个
6	稳压二极管	2CW51	1 个
7	白炽灯	12V/0.1A	1 只
8	电阻器	1kΩ/5W、200Ω/5W	若干个

1.3.5　实验内容

1. 测定线性电阻器伏安特性

按图 1.3.2 所示接线，缓慢调节可调直流稳压电源 U_S，使其数值从 0V 开始缓慢地增加一直到 10V，直流电压表监测 1kΩ 电阻两端的电压，使其分别取值为表 1.3.1 中所列 U_R 参考值的数值，读取电压表和电流表示数（注意电压表和电流表量程的选取），记录到表 1.3.1 中相应位置。

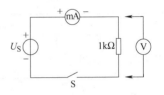

图 1.3.2　测定电阻器伏安特性电路

测试完毕后，将可调直流稳压电源缓慢调回零位，关闭电源。

根据测量数据计算相应电阻值。

表 1.3.1　线性电阻器的伏安特性数据

U_R 参考值 /V	0	2	4	6	8	10
实测 U_R /V						
I /mA						
计算值 $R / \Omega (R = U_R / I)$						

2. 测定白炽灯泡的伏安特性

将图 1.3.2 中的电阻换成额定电压为 12V、额定电流为 0.1A 的小白炽灯泡，重复本节实验内容"1"的测试内容（注意电压表和电流表量程的选取，另外，注意流过小白炽灯泡的电流不要超过其额定电流 0.1A），将数据记录到表 1.3.2 中相应位置。U_L 为小白炽灯泡的端电压，其具体取值可参照表 1.3.2 中所列的 U_L 参考值，其值由电压表监测并记录。

测试完毕后，将可调直流稳压电源缓慢调回零位，关闭电源，拆除连线。

根据测量数据计算相应电阻值。

表 1.3.2　白炽灯泡的伏安特性数据

U_L 参考值 /V	0	0.5	1	1.5	2	2.5	3	3.5	4	4.5	5
实测 U_L/V											
I/mA											
计算值 $R / \Omega(R = U_L / I)$											

3. 测定半导体二极管的伏安特性

（1）正向特性

按图 1.3.3 所示接线，200Ω 电阻为限流电阻，将二极管（1N4007）正向接入电路。缓慢调节直流稳压电源 U_S 的数值，从 0V 开始缓慢地增加，用直流电压表监测二极管（1N4007）两端的电压，使 1N4007 正向电压 U_{D+} 在 0 ~ 0.74V 之间取值，且使 U_{D+} 在 0.5 ~ 0.74V 之间（在曲线的弯曲部分）适当地多取几个测量点。U_{D+} 具体取值可参照表 1.3.3 中所列 U_{D+} 参考值，电压表及电流表所测数据记录到表 1.3.3 中相应位置。

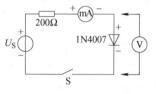

图 1.3.3　测定二极管伏安特性电路

表 1.3.3　二极管正向特性数据

U_{D+} 参考值 /V	0	0.4	0.48	0.54	0.56	0.58	0.6	0.62	0.65	0.68	0.72
实测 U_{D+}/V											
I/mA											

测试完毕后，将可调直流稳压电源缓慢调回零位，关闭电源。

注意：二极管正向电流不得超过 25mA。

（2）反向特性

按图 1.3.3 所示接线，200Ω 电阻为限流电阻，将二极管（1N4007）反接。缓慢调节直流稳压电源 U_S 的数值，从 0V 开始缓慢地增加，用直流电压表监测二极管（1N4007）两端的电压，使 1N4007 反向电压 U_{D-} 在 -32 ~ 0V 之间取值，具体取值可参照表 1.3.4 中所列 U_{D-} 参考值，电压表及电流表所测数据记录到表 1.3.4 中相应位置。

表 1.3.4　二极管反向特性数据

U_{D-} 参考值 /V	0	-5	-10	-15	-20	-25
实测 U_{D-}/V						
I/mA						

测试完毕后，将可调直流稳压电源缓慢调回零位，关闭电源。

4. 测定稳压二极管的伏安特性

（1）正向特性

将图 1.3.3 中的二极管（1N4007）换成稳压二极管（2CW51），将 2CW51 正向接入电路，缓慢调节直流稳压电源 U_S 的数值，从 0V 开始缓慢地增加，用直流电压表监测稳压二极管（2CW51）两端的电压，U_{Z+} 为稳压二极管（2CW51）的正向端电压，具体取值可参照表 1.3.5 中所列 U_{Z+} 参考值，将测量数据（电压表、电流表示数）记录到表 1.3.5 中相应位置。

表 1.3.5　稳压二极管正向特性数据

U_{Z+} 参考值 /V	0	0.5	0.55	0.58	0.6	0.62	0.63	0.65	0.67	0.7
实测 U_{Z+}/V										
I/mA										

测试完毕后，将可调直流稳压电源缓慢调回零位，关闭电源。

注意：稳压二极管（2CW51）正向电流不得超过 20mA。

（2）反向特性

将图 1.3.3 中的 200Ω 限流电阻换成 1kΩ 电阻，将稳压二极管（2CW51）反接，测 2CW51 的反向特性，将可调直流稳压电源的输出电压 U_S 从 0 值开始缓慢增加至 20V 左右，具体取值可参照表 1.3.6 中所列 U_S 参考值，用直流电压表监测其输出电压（不能使用电源本身显示屏 / 显示仪表的示数）。在不同 U_S 情况下，用电压表和电流表测量反接稳压二极管（2CW51）对应的反向电压 U_{Z-} 和电流 I，将测量数据记录在表 1.3.6 中相应位置。

表 1.3.6　稳压二极管反向特性数据

U_S 参考值 /V	0	1.5	2	3	4	5	6	8	10	12	14	16	18
实测 U_S/V													
U_{Z-}/V													
I/mA													

测试完毕后，将可调直流稳压电源缓慢调回零位，关闭电源，拆除连线。

注意：稳压二极管（2CW51）反向电流不得超过 20mA。

1.3.6　注意事项

1）测二极管正向特性时，可调直流稳压电源输出应从 0 值开始缓慢增加，不要增加过快，并时刻注意与二极管串接的电流表读数不得超过二极管要求的最大值。

2）可调直流稳压电源输出端切勿碰线短路。

3）直流稳压电源或恒流源通电初期，一般电源的输出不稳定，应稍等片刻再进行测量。

4）进行上述实验时，应先估算电压和电流值，合理选择仪表的量程，并注意仪表的极性，切勿使仪表超量程或正负极接错。

1.3.7　实验报告及问题讨论

1）回答本节预习内容中的思考题。

2）根据实验结果和表中数据，分别在坐标纸上绘制出各个元器件的伏安特性曲线

（其中二极管和稳压管的正、反向特性均要求画在同一张图中，正、反向电压可取不同的比例尺）。比较几种电路元器件的伏安特性曲线有何区别？欧姆定律对哪些元器件成立，对哪些元器件不成立？

3）对本次实验结果进行必要的误差分析、适当的解释，总结、归纳被测各元器件的特性。

4）总结、归纳本次实验，写出本次实验的收获和心得，包括实验中遇到的问题、处理问题的方法和结果。

1.4　基尔霍夫定律的验证

1.4.1　实验目的

1）对基尔霍夫定律进行验证，加深对该定律的理解，掌握应用基尔霍夫定律分析电路的基本方法。

2）了解参考方向在实验过程中的应用方法，加深对设置电量参考方向必要性的理解。

3）掌握测量直流电量以及使用电流插头、插座测量各支路电流的方法。

1.4.2　预习内容

复习教材中关于基尔霍夫定律的内容，知悉其适用条件；熟悉实验内容及方法，了解本实验的注意事项；根据图 1.4.3 所示的电路参数，计算出待测的电流 I_1、I_2、I_3 和各电阻上的电压值，记录到表 1.4.2 中相应位置，以便在实验测量时，正确地选定毫安表和电压表的量程；思考并回答以下问题。

1）用直流数字毫安表或数字电压表进行测量时，数据前会显示正负号，正负号的意义是什么？

2）如果使用指针式直流毫安表测各支路电流，什么情况下可能出现指针反偏，应如何处理？在记录数据时应注意什么？

3）已知某支路电流约为 3mA，现有一块电流表，该电流表有 20mA、200mA 和 2A 三挡量程，你将使用电流表的哪挡量程进行测量？为什么？

4）基尔霍夫定律与电路元件的线性有无关系？电路中能否出现单纯由理想电压源构成的回路？电路中能否出现单纯由理想电流源构成的节点？为什么？

1.4.3　实验原理

1. 基尔霍夫定律

基尔霍夫定律是电路理论中最重要的基本定律之一，阐明了电路整体结构遵守的规律，适用于任何集总参数电路的分析计算。基尔霍夫定律有两条——基尔霍夫电流定律（KCL）和基尔霍夫电压定律（KVL）。基尔霍夫定律是对于集总电路中各支路的电流或电压的一种约束关系，是一种"电路结构"或"拓扑"的约束，与具体元件无关。而元件的伏安约束关系描述的是元件的具体特性，与电路的结构（即电路的节点、回路数目及连接方式）无关。正是由于二者的结合，才衍生出多种多样的电路分析方法（如节点电压法和网孔电流法）。

KCL 指出：对于集总电路中任意一个节点，在任何时刻流进（或流出）该节点的电流代数和为零，即 $\sum_{k=1}^{n} i_k = 0$，其中 i_k 为该节点第 k 条支路的电流，n 为该节点处的支路数。KCL 描述了集总电路中与任意一个节点相连各支路电流之间的约束关系，它的物理本质是电荷守恒，是电流连续性的表现。在应用 KCL 列写方程式时，首先应标出每条支路电流的参考方向，然后根据参考方向对支路电流取正负号。一般规定：当支路电流的参考方向为离开节点时，该支路电流前面取正号；反之取负号。

KCL 一般是应用于节点的，因为对于电路中任意包围几个节点的假想闭合面来说，电流仍然是连续的，所以 KCL 还可以推广应用于电路中任意闭合面，即对于集总电路中任意一个闭合面，在任何时刻流进（或流出）该闭合面的电流代数和为零，称为广义 KCL。

KVL 指出：对于集总电路中任一回路，在任何时刻沿该回路的所有支路（或元件）电压的代数和为零，即 $\sum_{k=1}^{n} u_k = 0$，其中 u_k 为该回路第 k 条支路（或元件）的电压，n 为该回路的支路（或元件）数。KVL 描述了集总电路中一个回路中各部分电压间的约束关系，它的物理本质是能量守恒。应用 KVL 列写方程式时，首先应选定支路（或元件）电压的参考方向和回路的绕行方向，然后根据二者方向一致与否对支路（或元件）电压取正负号。一般规定二者方向一致时，该电压取正号，反之取负号。

KVL 不仅应用于闭合回路，还可以推广应用于开口的假想回路，称为广义的 KVL。

基尔霍夫定律与元件性质无关，只与电路的拓扑结构有关，即不论是线性电路还是非线性电路，是时变电路还是时不变电路，基尔霍夫定律都普遍适用。但要注意，在实验前必须设定电路中所有电流和电压的参考方向，此方向可预先任意设定。为便于分析，一般取电阻电压参考方向与电流参考方向关联。

2. 参考方向的意义和设定

参考方向并不只是一个抽象的概念，而是有具体意义的。图 1.4.1a 所示为直流电路的一条支路，在不知道该支路电流方向的情况下，首先假定一个电流参考方向，设电流由 A 流向 B，然后将电阻从 A 端断开，电流表正极（红表笔）接 A 端，负极（黑表笔）接电阻，如图 1.4.1b 所示。测量时，若模拟式电流表指针顺时针偏转，或数字式电流表显示正值，说明电流实际方向与参考方向相同，那么该支路电流记为正值；反之，若模拟式电流表指针逆时针偏转，或数字式电流表显示负值，说明电流实际方向与参考方向相反，该支路电流应记为负值，即使调换两表笔后再读数，读数虽然显示为正值，记录时仍然为负值。判断支路电压的实际方向时情况类似。

3. 电流测试套件

实验中测量各支路电流时，电流表必须采用串联接法，且不宜提前接入电路中。只有当接线正确、电路通电正常后，才能串联接入电流表。这需要把原有电路断开再串联电流表，测试过程比较烦琐。为简化操作，实验中均采用电流测试套件——电流测试插头与电流测试插座，配合电流表实现支路电流的测量。其测量原理如图 1.4.2 所示，电流测试插座内部是两个合金弹簧片，平时处于闭合导通状态，使电路正常工作；电流测试插头由双金属片组成，双金属片间有绝缘层阻隔，从双金属片分别引出接线，可分别与电流表正负极相连。当电流测试插头插入电流测试插座中时，电流测试插头的双金属片将电流测试插座的两个合金弹簧片分开，电流表随即串联接入被测支路。

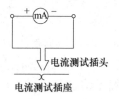

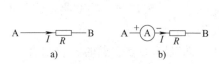

图 1.4.1　电流参考方向的设定与测量　　　　图 1.4.2　电流测试套件测电流示意图

专用实验台上通常提供多组电流测试插座，可根据实验需要灵活选用，配合电流测试插头和电流表实现支路电流的便捷测量。

1.4.4　实验仪器及设备

序号	名称	型号与规格	数量
1	可调直流稳压电源	$0 \sim 32\text{V}$，两路	1个
2	直流数字/模拟电压表	$0 \sim 500\text{V}$	1块
3	直流数字/模拟毫安表	$0 \sim 500\text{mA}$	1块
4	电阻器	$1\text{k}\Omega$、750Ω、510Ω、330Ω	若干个
5	二极管	1N4007	1个
6	单刀双掷开关		1个

1.4.5　实验内容

1. 线性电路基尔霍夫定律的验证

实验原理电路如图 1.4.3 所示，其中单刀双掷开关 S 掷向电阻 R_1 支路。一般实验挂箱已按原理图接成实验电路，在 I_1、I_2、I_3 的各支路上均有专用的电流测试插座，只需将电流测试插头插入电流测试插座，引线接到电流表，即可进行该支路电流的测量。如果没有实验挂箱，可准备相应的实验器材，按原理图自己动手搭建电路，测量电流时要串联接入电流表。各电阻值可参考如下两组数据：$R_1=R_3=1\text{k}\Omega$，

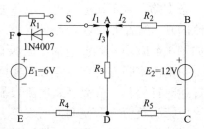

图 1.4.3　验证基尔霍夫定律的实验原理电路

$R_2=R_5=750\Omega$，$R_4=510\Omega$，或 $R_1=R_3=R_4=510\Omega$，$R_2=1\text{k}\Omega$，$R_5=330\Omega$。

1）测量电阻的阻值。使用万用表的欧姆挡，测量实验用各电阻的实际值，并计算绝

对误差与相对误差，将数据记录到表 1.4.1 中相应位置。可以选用不同的欧姆挡进行测量，观察阻值是否相同。

注意： 测量电阻时，必须是测量一个独立的电阻，被测电阻不能与电路的其他部分连接，更不能带电测量。

表 1.4.1 电阻数据

被测电阻	R_1	R_2	R_3	R_4	R_5
标称值 R/Ω					
实测值 R'/Ω					
绝对误差 $(R'-R)/\Omega$					
相对误差 $(R'-R)/R\times100\%$					

2）熟悉线路结构，实验前先任意设定三条支路的电流参考方向和闭合回路的绕行方向（如电流参考方向可设定为图 1.4.3 中标示的 I_1、I_2、I_3 方向，闭合回路绕行方向可设为顺时针方向）。

3）分别将两路可调直流稳压电源接入电路，用直流电压表监测其输出电压，使 $E_1=6V$、$E_2=12V$（不能使用电源本身显示屏 / 显示仪表的示数），将实测值记录到表 1.4.2 中相应位置。

4）熟悉电流测试插头和插座的结构，先将电流测试插头的红色接线端接直流数字毫安表的红色正接线端，电流测试插头的黑色接线端接直流数字毫安表的黑色负接线端，再将电流测试插头分别插入三条支路的三个电流测试插座中，读出相应支路的电流值，将数据记录到表 1.4.2 中相应位置。

注意： 数字毫安表读数为正时（或模拟毫安表指针正偏时），说明电流实际方向与参考方向一致；数字毫安表读数为负时（或模拟毫安表指针反偏时），说明电流实际方向与参考方向相反。

5）取下电流测试插头，用直流数字电压表分别测量两路电源及各电阻器上的电压值，将电压表红色正接线端接被测元件电压参考方向的正端 / 高电位端，电压表黑色负接线端接被测元件电压参考方向的负端 / 低电位端，测量各元件两端电压，将数据记录到表 1.4.2 中相应位置。

注意： 数字电压表读数为正时（或模拟电压表指针正偏时），说明电压实际方向与参考方向一致；数字电压表读数为负时（或模拟电压表指针反偏时），说明电压实际方向与参考方向相反。

6）测试完毕，关闭电源。

7）根据测量数据，验证 ΣI、ΣU_1 和 ΣU_2 是否为零，其中 $\Sigma I=I_1+I_2-I_3$，$\Sigma U_1=U_{FA}+U_{AD}+U_{DE}-E_1$，$\Sigma U_2=U_{CD}+U_{DA}+U_{AB}-E_2$。

表 1.4.2 中的各支路电流和元件电压的计算值，可由支路电流分析法或节点电压分析法等电路分析的基本方法按照图 1.4.3 所示电路求得，其中各元件参数值（如电压源输出电压及各电阻阻值）使用表 1.4.1 和表 1.4.2 中记录的测量值。

表 1.4.2　线性电路基尔霍夫定律的验证数据

内容	支路电流 /mA			元件电压 /V					E_1 /V
	I_1	I_2	I_3	U_{FA}	U_{AD}	U_{DE}	U_{CD}	U_{AB}	E_2 /V
计算值									ΣI/mA
测量值									ΣU_1/V
相对误差									ΣU_2/V

注：表 1.4.2 中 $\Sigma I=I_1+I_2-I_3$，$\Sigma U_1=U_{FA}+U_{AD}+U_{DE}-E_1$，$\Sigma U_2=U_{CD}+U_{DA}+U_{AB}-E_2$。

2. 非线性电路基尔霍夫定律的验证

在图 1.4.3 所示电路中，将单刀双掷开关 S 掷向二极管支路。重复本节实验内容"1"中 3）～ 5）测试内容，并将数据记录到表 1.4.3 中相应位置。测试完毕后，关闭电源，拆除连线。根据测量数据，检验非线性电路是否符合基尔霍夫定律。

表 1.4.3　非线性电路基尔霍夫定律的验证数据

电流 /mA				电压 /V								
I_1	I_2	I_3	ΣI	U_{FA}	U_{AD}	U_{DE}	U_{CD}	U_{AB}	E_1	E_2	ΣU_1	ΣU_2

注：表 1.4.3 中 $\Sigma I=I_1+I_2-I_3$，$\Sigma U_1=U_{FA}+U_{AD}+U_{DE}-E_1$，$\Sigma U_2=U_{CD}+U_{DA}+U_{AB}-E_2$。

1.4.6　注意事项

1）两路可调直流稳压电源的电压值和电路端电压值均应以电压表测量的读数为准，电源表盘指示只作为显示仪表，不能作为测量仪表使用，可调直流稳压电源输出以接负载后为准。接线时切记可调直流稳压电源的两个输出端不能短路。

2）实验中应先接好线路后再接通电源，防止可调直流稳压电源两个输出端碰线短路而损坏仪器。

3）可调直流稳压电源或恒流源通电初期，一般电源的输出不稳定，应稍等片刻再进行测量。

4）使用电流表和电压表测量时，应注意仪表的"+""-"极性，按照参考方向进行测量时，如果指针式仪表指针出现反偏，必须调换仪表极性重新测量，此时读得的电流值必须冠以负号记录到数据表格中；若用数字电压表或电流表测量，则可直接读出电压或电流值，但应注意：所读得的电压或电流值的符号应根据设定的电压或电流的参考方向来判断。

5）用电流插头测量各支路电流时，要识别电流插头所接电流表的"+""-"极性，正确判断测得值的 +、- 号后，将数据记录到数据表格中。

1.4.7　实验报告及问题讨论

1）回答本节预习内容中的思考题。

2）根据实验数据，选定实验电路中的每一个节点，验证基尔霍夫电流定律；选定每一个闭合回路，验证基尔霍夫电压定律。

3）利用电路中所给数据，通过电路定律计算各支路电压和电流，并计算测量值与计算值之间的误差，分析误差产生的原因。

4）改变电流或电压的参考方向对验证基尔霍夫定律有影响吗？为什么？

5）总结、归纳本次实验，写出本次实验的收获体会，包括实验中遇到的问题、处理问题的方法和结果。

1.5　叠加定理的验证

1.5.1　实验目的

1）验证线性电路叠加定理的正确性，从而加深对线性电路的叠加性和齐次性的认识和理解。

2）加深理解叠加定理，熟悉它的适用场合和应用方法。

3）提升对电流、电压参考方向的掌握和运用能力。

1.5.2　预习内容

复习教材中关于叠加定理的内容，加深理解叠加性和齐次性，知悉它们的适用条件和应用方法；熟悉实验内容及方法，了解本实验的注意事项；思考并回答以下问题。

1）叠加定理中电源 E_1、E_2 分别单独作用，在实验中可否直接将不作用的电源（E_1 或 E_2）短接？为什么？

2）实验电路中，若有一个电阻器改为二极管，试问叠加定理的叠加性与齐次性还成立吗？为什么？

3）各电阻元件所消耗的功率能否用叠加定理计算？为什么？

1.5.3　实验原理

叠加定理是线性电路的一个重要定理，是分析线性电路的最基本方法之一，适用于多个独立源作用下的线性电路。叠加定理不仅可以使多个激励的电路问题化为单个（简单）激励的电路问题来研究，更重要的作用是：它为推导、引出一些重要定理和分析方法提供了理论依据。

线性电路应同时满足叠加性和齐次性，即满足叠加定理。

1）线性电路的叠加性：在有多个独立源共同作用的线性电路中，任何一条支路的电流或电压，都可以看成是由每一个独立源单独作用时在该支路所产生的电流或电压的代数和。

2）线性电路的齐次性：当所有激励源（电压源和电流源）同时增加或减小 K 倍时，电路的响应（即电路中各支路的电流和电压值）也将增加或减小 K 倍。当电路中只有一个独立源（激励）时，响应必与激励成正比，它特别适用于梯形电路的分析。

某独立源单独作用是指：在电路中将该独立源之外的其他独立源"去掉"，即该独立源之外的电压源用短路线取代，该独立源之外的电流源用开路取代，电路中独立源之外的其他元件（如受控源和电阻等）和电路的连接方式均保持不变。

具体实验方法是：当某独立源单独作用时，"去掉"其他独立源（电压源用短路线取代，电流源用开路取代）；测量取得数据后，求电流和电压的代数和时，应注意数据符号的选取，当电源单独作用时电流和电压的参考方向与共同作用时的一致，则取正号，否则取负号。如图 1.5.1 所示，I_1' 和 I_3' 取正号，I_2' 取负号；I_2'' 和 I_3'' 取正号，I_1'' 取负号，即
$$I_1 = I_1' - I_1'', \quad I_2 = -I_2' + I_2'', \quad I_3 = I_3' + I_3''。$$

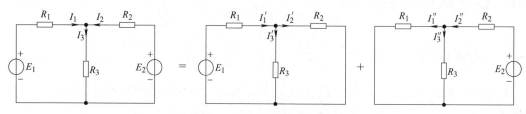

图 1.5.1　叠加定理的叠加电路

叠加定理只适用于求解线性电路中的电流和电压，对含非线性元件（如二极管）的电路，叠加定理不适用；另外，由于功率是电压或电流的二次函数，因此叠加定理不适用于"功率的叠加"，即 $p = \left(\sum_k u\right)\left(\sum_k i\right) \neq \sum_k ui$，其中 k 为独立源的个数。

1.5.4　实验仪器及设备

序号	名称	型号与规格	数量
1	可调直流稳压电源	0 ～ 32V，两路	1 个
2	万用表	UT39A 或其他	1 块
3	直流数字 / 模拟电压表	0 ～ 500V	1 块
4	直流数字 / 模拟毫安表	0 ～ 500mA	1 块
5	电阻器	1kΩ、750Ω、510Ω、330Ω	若干个
6	二极管	1N4007	1 个
7	单刀双掷开关		3 个

1.5.5　实验内容

1. 线性电路叠加定理的验证

验证叠加定理的实验原理电路如图 1.5.2 所示，其中单刀双掷开关 S_3 置于电阻 R_1 支路。一般实验挂箱已按原理图接成实验电路，在 I_1、I_2、I_3 的各支路上均有专用的电流测试插座，只需将电流测试插头插入电流测试插座，引线接到电流表，即可进行该支路电流的测量；如果没有实验挂箱，可准备相应的实验器材，按原

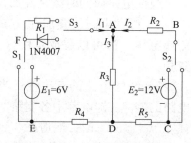

图 1.5.2　验证叠加定理的实验原理电路

理图自己动手搭建电路，测量电流时要串联接入电流表。各电阻值可参考以下两组数据：$R_1=R_3=1\text{k}\Omega$，$R_2=R_5=750\Omega$，$R_4=510\Omega$，或选取 $R_1=R_3=R_4=510\Omega$，$R_2=1\text{k}\Omega$，$R_5=330\Omega$。

实验前先测量实验用电阻的实际值并记录，然后任意设定三条支路的电流参考方向和各元件电压参考方向（如电流参考方向可设定为图 1.5.2 中 I_1、I_2、I_3 所示方向，电阻电压参考方向与电流参考方向关联），熟悉线路结构。

1）将两路可调直流稳压电源接入 E_1 和 E_2 处，调节其输出分别为 6V 和 12V，用直流数字 / 模拟电压表监测（不能使用电源本身显示屏 / 显示仪表的示数）。

2）电源 E_1 单独作用，将单刀双掷开关 S_1 掷向电源侧，接入 E_1，单刀双掷开关 S_2 掷向短路线侧。

3）用直流数字毫安表接电流测试插头引线测量各支路电流，先将电流测试插头的红色接线端接直流数字毫安表的红色正接线端，电流测试插头的黑色接线端接直流数字毫安表的黑色负接线端，再将电流测试插头分别插入三条支路的三个电流插孔中，测量各支路电流，将数据记录到表 1.5.1 中相应位置。

注意： 数字毫安表读数为正时（或模拟毫安表指针正偏时），说明电流实际方向与参考方向一致；数字毫安表读数为负时（或模拟毫安表指针反偏时），说明电流实际方向与参考方向相反。

4）取下电流测试插头，用直流数字电压表分别测量电源及各器件两端电压，将电压表红色接线端接被测器件电压参考方向的正端 / 高电位端，电压表黑色接线端接被测器件电压参考方向的负端，测量各器件两端电压，将数据记录到表 1.5.1 中相应位置。

注意： 数字电压表读数为正时（或模拟电压表指针正偏时），说明电压实际方向与参考方向一致；数字电压表读数为负时（或模拟电压表指针反偏时），说明电压实际方向与参考方向相反。

表 1.5.1　线性电路实验数据

实验内容	测量项目									
	E_1/V	E_2/V	I_1/mA	I_2/mA	I_3/mA	U_{AB}/V	U_{CD}/V	U_{AD}/V	U_{DE}/V	U_{FA}/V
E_1 单独作用（第 1 行）		0								
E_2 单独作用（第 2 行）	0									
E_1+E_2 作用（第 3 行）										
E_1/2 单独作用（第 4 行）		0								
E_1/2+E_2 作用（第 5 行）										
E_1/2+E_2/2 作用（第 6 行）										

5）电源 E_2 单独作用，将单刀双掷开关 S_1 掷向短路线侧，单刀双掷开关 S_2 掷向 E_2 侧，重复 3）和 4）的测量，并将测量结果记录到表 1.5.1 中相应位置。

6）E_1 和 E_2 共同作用，将单刀双掷开关 S_1 和 S_2 分别投向 E_1 和 E_2 侧，重复 3）和 4）的测量，并将测量结果记录到表 1.5.1 中相应位置。将表 1.5.1 的第 1 行和第 2 行实验数据按照叠加定理的要求进行列叠加，验证叠加结果是否与第 3 行的数据一致，即验证线性电路的叠加性。

7）电源 E_1 单独作用，并将 E_1 的数值减小一半，调至 +3V（用电压表监测），将单刀双掷开关 S_1 掷向电源侧接入 E_1，单刀双掷开关 S_2 掷向短路线侧，重复 3）和 4）的测量，并将测量数据记录到表 1.5.1 中相应位置。比较表 1.5.1 第 1 行和第 4 行数据是否成半数关系，验证线性电路的齐次性。

8）E_1 和 E_2 共同作用，并用电压表监测将 E_1 的数值调至 +3V，E_2 保持 12V，将单刀双掷开关 S_1 和 S_2 分别投向 E_1 和 E_2 侧，重复 3）和 4）的测量，并将测量数据记录到表 1.5.1 中相应位置。将表 1.5.1 的第 2 行和第 4 行实验数据按照叠加定理的要求进行列叠加，验证叠加结果是否与第 5 行的数据一致，即验证线性电路的叠加性。

9）E_1 和 E_2 共同作用，并用电压表监测将 E_1 的数值调至 +3V，E_2 的数值调至 +6V（即将两个电源输出均调为原来的一半），将单刀双掷开关 S_1 和 S_2 分别投向 E_1 和 E_2 侧，重复 3）和 4）的测量，并将测量数据记录到表 1.5.1 中相应位置。比较表 1.5.1 第 3 行和第 6 行数据是否成半数关系，验证线性电路的齐次性。

2. 非线性电路叠加定理的验证

将图 1.5.2 所示电路中的 R_1 换成一个二极管 1N4007，即将单刀双掷开关 S_3 掷向二极管 1N4007 支路侧，重复本节实验内容 "1" 中 2）～ 9）的测量过程，将数据记录到表 1.5.2 中相应位置。比较表 1.5.1 和表 1.5.2 的实验数据，验证非线性电路是否满足叠加性和齐次性。

表 1.5.2　非线性电路实验数据

实验内容	测量项目									
	E_1/V	E_2/V	I_1/mA	I_2/mA	I_3/mA	U_{AB}/V	U_{CD}/V	U_{AD}/V	U_{DE}/V	U_{FA}/V
E_1 单独作用（第 1 行）		0								
E_2 单独作用（第 2 行）	0									
E_1+E_2 作用（第 3 行）										
E_1/2 单独作用（第 4 行）		0								
E_1/2+E_2 作用（第 5 行）										
E_1/2+E_2/2 作用（第 6 行）										

1.5.6　注意事项

1）两路可调直流稳压电源的电压值和电路端电压值均应以电压表测量的读数为准，电源表盘指示只作为显示仪表，不能作为测量仪表使用，可调直流稳压电源输出以接负载后为准；接线时切记可调直流稳压电源的两个输出端不能短路。

2）实验中应先接好线路后再接通电源，防止可调直流稳压电源两个输出端碰线短路而损坏仪器。

3）直流稳压电源或恒流源通电初期，一般电源的输出不稳定，应稍等片刻再进行测量。

4）使用电流表和电压表测量时，应注意仪表的 "+、−" 极性，按照参考方向进行测量时，如果指针式仪表指针出现反偏，必须调换仪表极性重新测量，此时读得的电流值必须冠以负号记录到数据表格；若用数字电压表或电流表测量，则可直接读出电压或电流值，但应注意：所读得的电压或电流值的符号应根据设定的电压或电流的参考方向来判断。

5）用电流插头测量各支路电流时，要识别电流插头所接电流表的"+、–"极性，正确判断测得值的 +、– 号后，将数据记录到数据表格中。

1.5.7　实验报告及问题讨论

1）回答本节预习内容中的思考题。

2）根据所测实验数据，验证线性电路和非线性电路是否满足叠加性与齐次性。数据是否有误差？若有误差，分析产生误差的原因。

3）通过表 1.5.2 所测实验数据，你能得出什么样的结论？

4）各电阻器所消耗的功率能否用叠加定理计算得出？试用上述实验数据进行计算并作结论。

5）总结、归纳本次实验，写出本次实验的收获与体会，包括实验中遇到的问题、处理问题的方法和结果。

1.6　电源的外特性与等效变换

1.6.1　实验目的

1）理解理想电压源与理想电流源的外特性，理解实际电压源与实际电流源的外特性。

2）掌握电压源与电流源外特性的测试方法。

3）验证电压源与电流源等效变换的条件、意义和实验方法。

4）加深对等效变换概念的理解。

1.6.2　预习内容

复习教材中关于电压源与电流源外特性、实际电源两种模型等效变换的条件等内容；熟悉实验内容，掌握电压源、电流源伏安特性的测量方法，了解本实验的注意事项；依据本节实验内容的提示，完成三项实验内容的实验电路及实验数据记录表格的设计，思考并回答以下问题。

1）直流恒压源的输出端可以短接吗？为什么？直流恒流源的输出端可以开路吗？为什么？直流恒流源的输出端可以短路吗？为什么？

2）电压源与电流源的外特性为什么呈下降变化趋势，恒压源和恒流源的输出在任何负载下是否保持恒值？

3）电压源两端并联电流源或电阻，对外电路的电流和电压是否有影响？有什么影响？电流源串联电压源或电阻，对外电路的电流和电压是否有影响？有什么影响？

1.6.3　实验原理

1. 电源的外特性

电路和电工理论中有理想电压源和理想电流源两种理想电源元件，直流理想电源又有恒压源和恒流源之分。在工程实际中，绝对的理想电源是不存在的，但有一些电源在一定条件下其外特性与理想电源接近，可以近似将其视为理想电源。如直流稳压电源在一定输出电流范围内可认为是恒压源；而实验台上的恒流源在一定电压范围内可视为恒流源。

（1）电压源的外特性

理想电压源的内阻为零，其输出电压值与流过它的电流的大小和方向无关，即输出电压值不随负载电流而变；流过它的电流是由定值电压和外电路共同决定的。它的外特性，即伏安特性 $U = f(I)$ 是一条平行于 I 轴的直线，如图 1.6.1b 中 $R_S = 0$ 时所示实线。

具有一定内阻值的非理想电压源，其电路模型由理想电压源 U_S 和内阻 R_S 串联构成，如图 1.6.1a 中虚框部分所示，其输出电压不再如理想电压源一样总是恒定值，而是随负载电流的增加而有所下降，即输出电压 $U = U_S - IR_S$，如图 1.6.1b 中 $R_S \neq 0$ 时所示虚线。

（2）电流源的外特性

理想电流源的内阻为无穷大，其输出电流与其端电压无关，即输出电流不随负载电压而变；电流源两端的电压值是由定值电流 I_S 和外电路共同决定的。它的伏安特性 $I = f(U)$ 是一条平行于 U 轴的直线，如图 1.6.2b 中 $R_S = \infty$ 时所示实线。

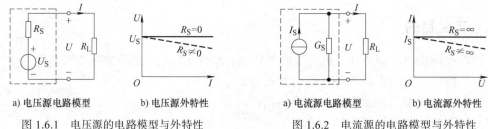

a) 电压源电路模型　　b) 电压源外特性　　　　　a) 电流源电路模型　　b) 电流源外特性

图 1.6.1　电压源的电路模型与外特性　　　　图 1.6.2　电流源的电路模型与外特性

对于非理想的电流源，其电路模型由理想电流源 I_S 和电导 G_S 并联构成，如图 1.6.2a 中虚框部分所示，其内阻 $R_S = 1/G_S$（电导的倒数）不是无穷大，所以输出电流 $I = I_S - UG_S$ 不再是恒定值，而是随负载端电压的增加有所下降，如图 1.6.2b 中 $R_S \neq \infty$ 时所示虚线。

2. 实际电源的等效变换

"等效"是电路和电工理论中一个非常重要的概念，也是电路分析的一种重要方法。它可以将结构复杂的电路化为结构简单的电路，使之便于分析和计算。如果两个结构参数不同的电路在端子上有相同的电压、电流关系，则这两个电路即为等效，可以相互替换，替换后两电路的外部特性保持不变，此即为等效变换。

一个实际的电源，就其外部特性而言，既可以看成是一个电压源，又可以看成是一个电流源。若视为电压源，则可用一个理想的电压源 U_S 与一个电阻 R_S 相串联的组合来表示，如图 1.6.3a 中虚框内部分所示；若视为电流源，则可用一个理想的电流源 I_S 与一个电导 G_S 相并联的组合来表示，如图 1.6.3b 中虚框内部分所示。若它们向同样大小的负载 R_L 提供同样大小的电流 I 和端电压 U，则称这两个非理想电源是等效的，即具有相同的外特性。

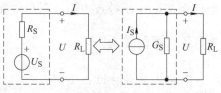

a) 实际电压源模型　　b) 实际电流源模型

图 1.6.3　实际电源的等效变换电路

一个实际电压源与一个实际电流源等效变换的条件为：实际电压源与实际电流源的内阻均为 R_S，且若已知实际电压源的参数为 U_S 和 R_S，则实际电流源的参数为 $I_S = U_S / R_S$ 和 $G_S = 1 / R_S$；或若实际电流源的参数为 I_S 和 G_S，则实际电压源的参数为 $U_S = I_S / G_S$ 和 $R_S = 1 / G_S$。

1.6.4　实验仪器及设备

序号	名称	型号与规格	数量
1	可调直流稳压电源	$0 \sim 32V$	1 个
2	可调直流恒流源	$0 \sim 200mA$	1 个
3	直流数字电压表	$0 \sim 500V$	1 块
4	直流数字毫安表	$0 \sim 500mA$	1 块
5	万用表	UT39A 或其他	1 块
6	电阻器	51Ω、200Ω、$1k\Omega$	各 1 个
7	可调电阻箱	$0 \sim 99999.9\Omega$	1 个

1.6.5　实验内容

1. 测定直流理想电压源与实际非理想电压源的外特性

一个质量高的直流稳压电源，具有很小的内阻，在一定的电流范围内，可将其视为一个理想电压源。实验时，可将直流稳压电源 U_S 作为理想电压源，将其与定值电阻串联模拟一个有内阻的实际电压源。

1）根据图 1.6.1a 设计实验电路，用于测量绘制直流理想电压源与实际非理想电压源外特性的数据。自行设计数据表格，表格中应包含但不限于以下数据：

① 直流稳压电源输出 U_S，电压源内阻 R_S（0Ω 和 51Ω），负载电阻 R_L。

② 在负载电阻不同阻值情况下，负载电阻上的电压值及电流值。

2）先测定直流理想电压源的外特性，按照自行设计的电路图连线，用直流电压表监测调节直流稳压电源输出电压 $U_S = 6V$。

3）改变负载电阻 R_L 的值，令其阻值由大至小变化 $8 \sim 10$ 次，但 R_L 最小值不低于 200Ω，每改变一次负载电阻 R_L 的值，测量一次 R_L 的电压 U_L 和电流 I_L，将测量数据录入自行设计的数据记录表格中。

注意： 不要忘记测空载，即开路 $R_L = \infty$ 时的电压值；R_L 可通过变阻箱串联一个 200Ω 的定值电阻实现，这样能够保障变阻箱取 0 值时 R_L 的值不低于 200Ω。

4）测试完毕，关闭电源。

5）将直流稳压电源 U_S 与 51Ω 电阻串联，模拟实际非理想电压源（串联的电阻阻值可根据实际情况调整），按照自行设计的电路图连线，用直流电压表监测调节直流稳压电源输出电压 $U_S = 6V$。

6）重复步骤 3），测定实际非理想电压源的外特性。测试完毕，关闭电源，拆除连线。

7）用记录的测量数据，绘制直流理想电压源与实际非理想电压源的外特性曲线。

注意：

1）如果 R_L 是由变阻箱串联 200Ω 定值电阻实现的，所测电压 U_L 亦应是二者的电压，不能只测变阻箱的电压。

2）支路电流的测量尽量使用电流测试套件，如果没有电流测试套件，不宜将电流表提前接入电路中，只有当接线正确、电路通电正常后，才能断开电路串联接入电流表。

2. 测定电流源的外特性

一个质量高的恒流源其内阻做得很大，在一定的电压范围内，可将其视为一个理想电流源。实验时，可将恒流源 I_S 作为理想电流源，将它与定值电阻并联模拟一个有内阻的实际电流源。

1）根据图 1.6.2a 设计实验电路，用于测量绘制直流理想电流源与实际非理想电流源外特性的数据。自行设计数据表格，表格中应包含但不限于以下数据：

① 恒流源输出 I_S，电流源内阻 R_S（$1k\Omega$ 和 ∞），负载电阻 R_L（$0 \sim 5k\Omega$）。

② 在负载电阻不同阻值情况下，负载电阻上的电压值及电流值。

2）按照自行设计的电路图连线，用直流电流表 / 毫安表监测调节恒流源输出电流 $I_S = 5mA$，作为电流源内阻的并联电阻 R_S 分别取值 ∞ 和 $1k\Omega$，改变负载电阻（变阻箱）R_L 的值，令其阻值由小至大变化（如从 0 到 4000Ω，不要忘记测短路，即 $R_L = 0$ 时的电流值）$8 \sim 10$ 次，但应使 $R_L I \leq 20V$。两种情况下（电流源内阻 R_S 分别取值 ∞ 和 $1k\Omega$），每改变一次负载电阻 R_L 的值，测量一次 R_L 上的电压 U_L 和电流 I_L，将测量数据录到自行设计的数据记录表格中。

3）测试完毕，关闭电源，拆除连线。

4）用记录的测量数据，绘制直流理想电流源与实际非理想电流源的外特性曲线。

注意：实验过程中必须使恒流源两端的电压不超出额定值，一般为 20V。

3. 测定电源等效变换的条件

1）根据图 1.6.3 设计实验电路，用于测量实际电压源等效为实际电流源条件的数据。自行设计数据表格，表格中应包含但不限于以下数据：

① 直流稳压电源输出 U_S，恒流源输出 I_S，电源内阻 R_S（$1k\Omega$ 或 51Ω），负载电阻 R_L。

② 在负载电阻不同阻值情况下，负载电阻上的电压值及电流值。

2）将直流稳压电源 U_S 作为理想电压源，用电压表监测调节直流稳压电源输出电压 $U_S = 6V$ 并记录；将 U_S 与 $1k\Omega$ 或 51Ω 电阻器（作为内阻 R_S）串联，构成实际非理想电压源；负载 R_L 可分别选取 200Ω、400Ω、800Ω、1000Ω、2000Ω，测量每一个 R_L 的电压 U_L 和电流 I_L，将测量数据记录到自行设计的数据记录表格内。

注意：如果所给 R_L 取值不合适，可另行选取。

3）根据等效变换的条件，用直流电流表 / 毫安表监测，调节恒流源的输出电流至

$I_S = U_S / R_S$，将恒流源 I_S 并联一个与 2）中选做内阻 R_S 阻值相同的电阻，构成实际电流源；负载 R_L 选取与 2）中相同的阻值，测量不同负载 R_L 对应的电压 U_L 和电流 I_L，将数据记录到自行设计的数据记录表格内。

4）测试完毕，关闭电源，拆除连线。

5）对 2）和 3）得到的测量数据进行比较，验证等效变换条件的正确性。

1.6.6 注意事项

1）可调直流稳压电源的电压值和恒流源的电流值均应以电压表和电流表测量的读数为准，电源表盘指示只作为显示仪表，不能作为测量仪表使用。

2）在测电压源外特性时，不要忘记测空载时的电压值，改变负载电阻时，不可使电压源短路；在测电流源外特性时，不要忘记测短路时的电流值，改变负载电阻时，不可使电流源开路；注意恒流源负载电压不要超过其额定值。

3）改接线路时，必须关闭电源开关。

4）直流仪表的接入应注意极性与量程；为使测量准确，电压表量程不应频繁更换。

5）实验过程中，直流稳压电源不能短路，恒流源不能开路，而且电源只能向外提供功率而不能吸收功率，以免损坏设备。

6）直流稳压电源或恒流源通电初期，一般电源的输出不稳定，应稍等片刻再进行测量。

1.6.7 实验报告及问题讨论

1）回答本节预习内容中的思考题。

2）将自行设计的三项实验内容的实验电路及实验数据记录表格插入到实验报告的合适位置。

3）根据记录的实验数据绘出电源的四条外特性曲线，并总结、归纳各类电源的特性；根据实验结果，验证电源等效变换的正确性。

4）通过实验说明理想电压源和理想电流源能否等效变换？

5）总结、归纳本次实验，写出本次实验的收获与体会，包括实验中遇到的问题、处理问题的方法和结果。

1.7 戴维南定理和诺顿定理

1.7.1 实验目的

1）加深理解戴维南定理和诺顿定理，了解它们的基本用途和使用条件。

2）掌握用戴维南定理和诺顿定理分析电路的基本方法。

3）掌握线性有源二端网络等效参数的基本测量方法。

4）理解阻抗匹配概念，验证最大功率传输定理。

1.7.2　预习内容

复习教材中戴维南定理、诺顿定理和最大功率传输定理的相关内容，理解它们的基本用途；预习测量和计算戴维南、诺顿等效参数的常用方法，了解这些方法的特点和应用场合；根据图 1.7.7 所示电路，估算被测线性有源二端网络的参数，设计戴维南和诺顿等效电路，以便调整实验线路及测量时可准确地选取电表的量程；设计本节实验内容"1"和"5"的数据记录表格，记录各种实验方法得到的被测线性有源二端网络的参数；熟悉实验内容，了解实验的基本方法和注意事项；思考并回答以下问题。

1）总结测量线性有源二端网络开路电压和等效内阻的几种方法，比较它们的优缺点，说明各方法的适用场合。

2）在求戴维南等效电路时，所测开路电压是否是真正意义上的开路电压值？为什么？如何能得到更精确的开路电压值？测短路电流 I_{sc} 的条件是什么？在本实验中可否直接做负载短路实验？

3）实际应用中，电源的内阻是否随负载而变？

4）电力系统进行电能传输时为什么不能工作在匹配工作状态？

5）电源电压的变化对最大功率传输的条件有无影响？

1.7.3　实验原理

戴维南定理与诺顿定理在电路分析中是一对"对偶"定理，用于复杂电路的化简，特别是当"外电路"是一个变化负载的情况。

1. 戴维南定理

任何一个线性有源二端网络，对于外电路而言，总可以用一个含有内阻的等效电压源来代替，此电压源的电动势 E_S 等于该线性有源二端网络的开路电压 U_{oc}，其等效内阻 R_0 等于该网络中所有独立源均置零（理想电压源用短路线代替、理想电流源用开路代替）时的等效电阻，如图 1.7.1 所示，其中，E_S（或 U_{oc}）和 R_0 称为线性有源二端网络的等效参数。此即为戴维南定理。

运用戴维南定理不仅可以简化对复杂电路的分析过程，而且还可以简便电路参数的测试。

2. 诺顿定理

任何一个线性有源二端网络，对于外电路而言，总可以用一个含有内阻的等效电流源来代替，此电流源的电流 I_S 等于该线性有源二端网络的短路电流 I_{sc}，其等效内阻 R_0 等于该网络中所有独立源均置零时的等效电阻，如图 1.7.2 所示，其中，I_S（或 I_{sc}）和 R_0 称为线性有源二端网络的等效参数。此即为诺顿定理。

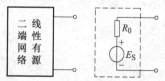

图 1.7.1　戴维南定理示意图

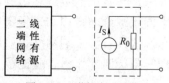

图 1.7.2　诺顿定理原理

运用诺顿定理同样可以简化对复杂电路的分析过程，也可以简便电路参数的测试。

3. 线性有源二端网络等效参数的测量方法

根据戴维南定理与诺顿定理，其等效电路关键是求得开路电压 U_{oc}、短路电流 I_{sc} 和线性有源二端网络的等效电阻 R_0。

（1）开路电压 U_{oc} 的测量方法

1）直接测量法。直接测量法是在线性有源二端网络输出端开路时，用电压表直接测其输出端的开路电压 U_{oc}，如图 1.7.3a 所示。直接测量法适用于等效内阻 R_0 较小，且电压表的内阻 $R_V \gg R_0$ 的情况。

2）零示法。在测量具有高内阻（$R_0 \gg R_V$）线性有源二端网络的开路电压时，用电压表进行直接测量会造成较大的误差，为了消除电压表内阻的影响，往往采用图 1.7.3b 所示的零示法间接测量 U_{oc}。

零示法测量原理是用一个低内阻的可调稳压电源与被测线性有源二端网络进行比较，当可调稳压电源的输出电压 E_S 与被测线性有源二端网络的开路电压 U_{oc} 相等时，电压表的读数将为 "0"，然后将电路断开，测量此时可调稳压电源的输出电压，即为被测线性有源二端网络的开路电压 U_{oc}。零示法测量 U_{oc} 较直接测量法测量 U_{oc} 准确。

注意：此方法测开路电压时，应先将可调稳压电源的输出调至接近于 U_{oc}，再按图 1.7.3b 接线。

3）补偿法。其测量电路如图 1.7.3c 所示，U_S 为高精度的标准电压源，R（虚线框部分）为标准分压电阻箱，Ⓟ为高灵敏度的检流计。调节电阻箱的分压比，c、d 两端的电压随之改变，当 $U_{cd} = U_{ab}$ 时，流过检流计Ⓟ的电流为零，此时

$$U_{cd} = U_{ab} = \frac{R_2}{R_1 + R_2} U_S = kU_S$$

式中，k 为电阻箱的分压比，$k = \dfrac{R_2}{R_1 + R_2}$。

根据标准电压 U_S 和分压比 k 即可求得线性有源二端网络的开路电压 $U_{oc} = U_{ab}$。此法测量精度较高，但所需设备较多，可根据实际条件选择。

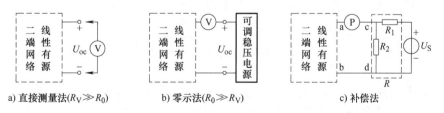

a) 直接测量法($R_V \gg R_0$)　　　b) 零示法($R_0 \gg R_V$)　　　c) 补偿法

图 1.7.3　开路电压的测量方法

（2）短路电流 I_{sc} 的测量方法

1）直接测量法：是将线性有源二端网络的输出端短路，用电流表直接测其短路电流 I_{sc}。此方法适用于内阻值 R_0 较大的情况。若二端网络的内阻值很低，会使 I_{sc} 很大，则不

宜直接测其短路电流。

2）间接计算法：是在等效内阻 R_0 已知的情况下，先测出开路电压 U_{oc}，再由 $I_{sc} = U_{oc}/R_0$ 计算得出。

（3）等效内阻 R_0 的测量方法

分析线性有源二端网络的等效参数，求等效内阻 R_0 是关键。

1）直接测量法：首先将线性有源二端网络电路中所有独立源置零，即理想电压源用短路线代替、理想电流源用开路代替，把电路变换为线性无源二端网络；然后用万用表的欧姆挡在开路端口测量，其读数即为等效内阻 R_0。

这种测量方法非常简便，但如果线性有源二端网络中含受控源，则此测量方法便不可用，应采用其他方法。

2）加压测流法：首先将线性有源二端网络中所有独立源置零 [具体方法同 1）]，把电路变换为线性无源二端网络；然后在开路端加一个数值已知的独立电压源 E，如图 1.7.4 所示，并测出流入无源二端网络的电流 I，则等效内阻 $R_0 = E/I$。

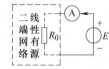

图 1.7.4　加压测流法求 R_0

一方面，实际电压源和电流源都具有一定的内阻，不能与电源本身分开，在电源置零时，其内阻也去掉了，因此会给测量带来误差，影响测量精度；另一方面，有的含源网络内部电源不适合置零，因此，直接测量法和加压测流法适用于电压源内阻很小或电流源内阻较大的情况。其他情况可以采用以下间接方法获得等效内阻 R_0。

3）开路—短路法：它是在测得线性有源二端网络的开路电压 U_{oc} 和短路电流 I_{sc} 的基础上，根据测出的开路电压值和短路电流值计算得到的，即等效内阻 $R_0 = U_{oc}/I_{sc}$。开路电压和短路电流可分别由本节实验原理部分的 3.（1）和（2）中的方法测得。

这种方法适用于等效内阻 R_0 较大，而短路电流不超过额定值的情况，否则容易损坏电源。

若线性有源二端网络的等效内阻很小，不适合短路时，可接一个可变负载电阻，用以下伏安法计算得到等效电阻 R_0。

4）伏安法：伏安法测等效内阻的连接线路如图 1.7.5a 所示，先测出线性有源二端网络伏安特性，如图 1.7.5b 所示，再测出开路电压 U_{oc} 及电流为额定值 I_N 时的输出端电压值 U_N，根据外特性曲线中的几何关系，则内阻为

$$R_0 = \tan\varphi = \frac{U_{oc}}{I_{sc}} = \frac{U_{oc} - U_N}{I_N}$$

5）半电压法：半电压法属于伏安法的典型应用，调节被测线性有源二端网络的负载电阻 R_L，当负载电压为被测线性有源二端网络开路电压 U_{oc} 的一半时，负载电阻值 R_L（由电阻箱的读数确定）即为被测有源二端网络的等效内阻值 R_0。

6）外加电阻法：该方法与半电压法类似，先测出线性有源二端网络的开路电压 U_{oc}，然后在开路端接一个已知数值的电阻 r，并测出其端电压 U_r，则有

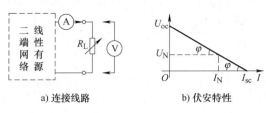

a) 连接线路　　　　　b) 伏安特性

图 1.7.5　伏安法求等效内阻

$$\frac{U_{oc}}{R_0 + r} = \frac{U_r}{r}$$

即

$$R_0 = \left(\frac{U_{oc}}{U_r} - 1\right)r$$

开路—短路法、伏安法、半电压法和外加电阻法求等效内阻与网络内部结构无关，所以戴维南定理与诺顿定理在电路分析和实验测试中得到广泛应用。

4. 最大功率传输定理

对于一个给定的线性有源二端网络，当接在它两端的负载电阻变化时，它传输给负载的功率也发生变化。在分析计算功率从电源向负载传输时，会遇到两种不同类型的问题。一是着重考虑传输功率的效率问题，如在电力传输网络中传输的电功率巨大，因此使得传输引起的损耗（即传输效率问题）成为首要考虑的问题。二是着重考虑传输功率的大小问题，如在通信和测量系统中，传输的功率不大，首要问题是负载如何获得最大功率的信号，效率问题则不是第一位要考虑的。在测量、电子和信息工程的电子设计中，如何选择负载电阻，使之获得最大功率成为研究最大功率传输的主要问题。这一问题具有工程意义，因为它决定着电子设备能否工作在最佳状态。

（1）电源与负载功率的关系

对于任意线性有源二端网络，都可以用戴维南定理将其简化为图 1.7.6 所示的形式，图中虚线框中的部分即为线性有源二端网络的戴维南等效电路，R_0 为线性有源二端网络的等效电阻。图 1.7.6 可视为由一个电源向负载输送电能的模型，即功率传输模型。R_0 可视为电源内阻和传输线路电阻的总和，R_L 为可变电阻负载。则负载 R_L 上消耗的功率 P 可由下式表示：

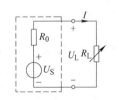

图 1.7.6　功率传输模型

$$P = I^2 R_L = \left(\frac{U_S}{R_0 + R_L}\right)^2 R_L$$

当 $R_L = 0$ 或 $R_L = \infty$ 时，电源输送给负载的功率均为零，而以不同的 R_L 值代入上式可求得不同的功率 P 值，其中必有一个 R_L 值，使负载能从电源处获得最大的功率。

（2）负载获得最大功率的条件

根据数学中函数求极值的方法，令负载功率表达式中的 R_L 为自变量，P 为应变量，最大功率应发生在 $\dfrac{\mathrm{d}P}{\mathrm{d}R_L} = 0$ 的条件下，即

$$\frac{\mathrm{d}P}{\mathrm{d}R_{\mathrm{L}}} = \frac{[(R_0 + R_{\mathrm{L}})^2 - 2R_{\mathrm{L}}(R_{\mathrm{L}} + R_0)]U_{\mathrm{S}}^2}{(R_0 + R_{\mathrm{L}})^4} = 0$$

解得 $R_{\mathrm{L}} = R_0$。又因为 $\left.\frac{\mathrm{d}^2 P}{\mathrm{d}R_{\mathrm{L}}^2}\right|_{R_{\mathrm{L}} = R_0} = -\frac{U_{\mathrm{S}}^2}{8R_0^3} < 0$，因此，上述所求极值点为最大极值点。因此，当满足 $R_{\mathrm{L}} = R_0$ 时，负载从电源获得最大功率，其值为：

$$P_{\mathrm{MAX}} = \left(\frac{U_{\mathrm{S}}}{R_0 + R_{\mathrm{L}}}\right)^2 R_{\mathrm{L}} = \left(\frac{U_{\mathrm{S}}}{2R_{\mathrm{L}}}\right)^2 R_{\mathrm{L}} = \frac{U_{\mathrm{S}}^2}{4R_{\mathrm{L}}}$$

此时称电路处于"匹配"工作状态，称 $R_{\mathrm{L}} = R_0$ 为最大功率传输的条件或最大功率匹配条件，这个条件应用于 R_0 固定、R_{L} 可变的情况。如果负载电阻 R_{L} 一定，等效电阻 R_0 可以改变，那么，R_0 越小 R_{L} 上获得的功率越大，$R_0 = 0$ 时，R_{L} 获得的功率最大。

（3）匹配电路的特点及应用

在电路处于"匹配"状态时，线性有源二端网络传递给负载的电功率百分比，即效率一般小于 50%。只有在线性有源二端网络是由电源及其内阻组成的情况下，负载获得最大功率时，电源传递给负载的效率为 50%。因为线性有源二端网络与其戴维南等效电路就内部功率而言，一般是不等效的。不能将 R_0 上消耗的功率当作线性有源二端网络内部消耗的功率。

显然，对于电力系统而言，绝对不允许运行在功率匹配状态，因为电力系统的最主要指标是高效率送电，充分利用电能，最好是 100% 的功率均传送给负载，为此负载电阻应远大于电源的内阻。在电子技术领域里却完全不同，一般的信号源本身功率较小，且都有较大的内阻，信号比较微弱。往往着眼于能从电源获得最大的功率输出信号，而不重视电源效率的高低。通常设法改变负载电阻，或者在信号源与负载之间加阻抗变换器（如音频功放的输出级与扬声器之间的输出变压器），使电路工作处于匹配状态，以使负载能获得最大的输出功率。

1.7.4 实验仪器及设备

序号	名称	型号与规格	数量
1	可调直流稳压电源	0～32V	1个
2	可调直流恒流源	0～200mA	1个
3	直流数字电压表	500V	1块
4	直流数字毫安表	500mA	1块
5	万用表	UT39A 或其他	1块
6	可调电阻箱	0～99999.9Ω	1个
7	电位器	1kΩ	1个
8	戴维南定理实验电路板		1块

1.7.5　实验内容

被测线性有源二端网络如图 1.7.7 所示，其中 $U_S = 12V$，$I_S = 10mA$，$R_1 = 300\Omega$。$R_2 = R_3 = 680\Omega$，$R_4 = 100\Omega$。各电阻的阻值也可选取另一组，即 $R_1 = 330\Omega$，$R_2 = R_3 = 510\Omega$，$R_4 = 10\Omega$。

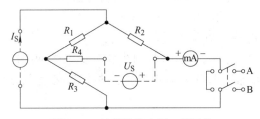

图 1.7.7　被测线性有源二端网络

1. 测量线性有源二端网络的等效参数

1）自行设计数据表格（可以是一个或多个），表格中应包含但不限于以下数据：

① 图 1.7.7 中各元件参数（包括电阻的阻值，电源的输出）测量值。

② 依据图 1.7.7 所示，应用戴维南和诺顿定理计算得出的等效参数（包括开路电压、短路电流和等效内阻）。

③ 实验原理中介绍的各方法测量出的戴维南和诺顿等效参数（包括直接法和零示法测得的开路电压 U_{oc}、直接测量和间接计算得到的短路电流 I_{sc} 以及六种测量等效内阻的 R_0 值）。

④ 戴维南和诺顿等效参数的误差。

2）测量实验用电阻的实际阻值，将数据记录到自行设计的数据表格中。

3）应用戴维南定理及诺顿定理，估算图 1.7.7 所示被测线性有源二端网络的参数（包括开路电压、短路电流和等效内阻），并将估算数据记录到自行设计的数据表格中。

4）按图 1.7.7 所示实验电路接线，用直流电压表和直流电流表监测调节电源输出，并记录到自行设计的数据表格中。

5）采用实验原理部分中介绍的各方法，分别测量戴维南和诺顿等效参数（包括直接法和零示法测得的开路电压 U_{oc}、直接测量和间接计算得到的短路电流 I_{sc} 以及六种测量等效内阻的 R_0 值），将测量参数录入自行设计的数据表格中。

6）测量完毕，关闭电源。

7）比较应用定理估算的计算值与实验测量计算出的实验值，计算二者之间的误差，将数据记录到自行设计的数据表格中。

注意：

1）采用加压测流法测算等效内阻 R_0 时（见图 1.7.4），开路端加独立电压源电压参考值为 $E = 9V$。

2）用伏安法测等效内阻 R_0 时（见图 1.7.5），电流额定参考值为 $I_N = 15mA$。

3）用外加电阻法测等效内阻 R_0 时，在开路端接入已知数值的电阻 r，其阻值参考值为 510Ω。

2. 测量线性有源二端网络的外特性$U = f(I)$

1）按图 1.7.7 所示实验电路接线，AB 端接入负载电阻箱 R_L，用直流电压表和直流电流表监测，调节电源输出与本节实验内容"1"中电源的输出相同。

2）按照表 1.7.1 中所列 R_L 参考值，改变电阻箱 R_L 阻值，测出负载 R_L 的电压值和电流值，将数据记录到表 1.7.1 中相应位置。

3）测量完毕，关闭电源，拆除连线。

4）根据测量数据，在坐标纸上绘出所测线性有源二端网络的外特性 / 伏安特性曲线。

注意：直流电压表和电流表量程的选取；另外，通过负载电阻箱 R_L 的电流值不得超过 30mA。

表 1.7.1 线性有源二端网络的外特性数据

R_L/Ω	0	200	400	600	700	750	770	780	800	900	1k
U/V											
I/mA											
$P_L = UI$											

3. 测量戴维南等效电路的外特性

1）根据图 1.7.1 设计所测线性有源二端网络的戴维南等效电路。

2）将一个 1kΩ 的电位器与可调直流稳压电源相串联，作为所测线性有源二端网络的戴维南等效电路；调节电位器，将其阻值调整到等于按本节实验内容"1"所得的等效电阻 R_0 之值；用电压表监测调节可调直流稳压电源，将其输出调到本节实验内容"1"所测得的开路电压 U_{oc} 之值。

3）将所测线性有源二端网络的戴维南等效电路接入负载电阻箱 R_L，R_L 取值与本节实验内容"2"相同，测戴维南等效电路的外特性，将测量数据记录到表 1.7.2 中相应位置；实验中，要注意流过电位器的电流不要超过其额定电流，以免烧毁器件。

4）测量完毕，关闭电源，拆除连线。

5）根据测量数据，在坐标纸上绘出戴维南等效电路的外特性 / 伏安特性曲线，将该曲线与由表 1.7.1 获得的外特性曲线比较，验证戴维南定理的正确性。

注意：直流电压表和电流表量程的选取；另外，通过负载电阻箱 R_L 的电流值不得超过 30mA。

表 1.7.2 戴维南等效电路的外特性数据

R_L/Ω	0	200	400	600	700	750	770	780	800	900	1k
U/V											
I/mA											
$P_L = UI$											

4. 测量诺顿等效电路的外特性

1）根据图 1.7.2 设计所测线性有源二端网络的诺顿等效电路。

2）将本节实验内容"3"中用作等效电阻 R_0 的电位器（阻值不变）与直流恒流源 I_S 并联，直流恒流源的输出调到本节实验内容"1"所测得的短路电流 I_sc 之值。

3）将所测线性有源二端网络的诺顿等效电路接入负载电阻箱 R_L，R_L 取值与实验内容"2"相同，测诺顿等效电路的外特性，将数据记录到表 1.7.3 中相应位置。

4）测量完毕，关闭电源，拆除连线。

5）根据测量数据，在坐标纸上绘出诺顿等效电路的外特性 / 伏安特性曲线，将该曲线与由表 1.7.1 获得的外特性曲线比较，验证诺顿定理的正确性。

注意：直流电压表和电流表量程的选取；另外，通过负载电阻箱 R_L 的电流值不得超过 30mA。

表 1.7.3 诺顿等效电路的外特性数据

R_L/Ω	0	200	400	600	700	750	770	780	800	900	1k
U/V											
I/mA											
$P_\mathrm{L}=UI$											

5. 验证最大功率传输条件

1）根据图 1.7.6 自行设计数据表格（可以是一个或多个），表格中应包含但不限于以下数据：

① 戴维南等效电路的等效电压源输出电压 U_S，等效电阻 R_0。

② 可变负载 R_L 及其两端的电压 U_L 和电路电流 I，等效电阻 R_0 两端的电压 U_0。

③ 等效电压源（稳压电源）的输出功率 P、等效电阻消耗的功率 P_0 和负载 R_L 消耗的功率 P_L。

2）根据图 1.7.6 设计实验电路，用于测量等效电阻 R_0 两端的电压 U_0、负载 R_L 两端的电压 U_L 和电路电流 I，其中 R_L 取自电阻箱。

3）直流电压表监测可调直流稳压电源输出 $U_\mathrm{S}=12\mathrm{V}$，选取 $R_0=200\Omega$（在使用电阻前，最好用万用表的欧姆挡测量其实际值并记录），令 R_L 在 $0\sim1\mathrm{k}\Omega$ 范围内变化，测量相应的 U_0、U_L 及 I 的值，在 P_L 最大值附近（即 R_L 取值在 R_0 附近）应多测几点，将测量数据记录到自行设计的表格中。

4）计算等效电压源（稳压电源）的输出功率 P、等效电阻消耗的功率 P_0 和负载 R_L 消耗的功率 P_L，将数据记录到自行设计的表格中。画出 P_L—R_L 曲线，验证最大功率传输条件。

5）测量完毕，关闭电源，拆除连线。

1.7.6 注意事项

1）测量电流时要注意电流表量程的选取；为使测量准确，电压表量程不应频繁更换。

2）实验中，独立电源置零时不可将稳压源短接。

3）用万用表直接测 R_0 时，网络内的独立源必须先置零，以免损坏万用表；另外，模拟万用表欧姆挡必须经调零后再进行测量。

4）直流稳压电源或恒流源必须用直流电压表或电流表标定，通电初期，一般电源的输出不稳定，应稍等片刻再进行测量。

5）零示法测量开路电压时，应先将稳压电源的输出调至接近于 U_{oc}，再按图 1.7.3b 所示接线。

6）流过电位器的电流不要超过额定电流。

7）改接线路时，必须关闭电源开关。

1.7.7　实验报告及问题讨论

1）回答本节预习内容中的思考题。

2）本节实验内容 1 中各种方法测得的 U_{oc} 与 R_0 是否相等？如果不等，试分析原因。将实测数据与预习时计算的结果作比较，你能得出什么结论。

3）用开路—短路法测量等效电阻时，能否同时进行开路电压和短路电流的测量？为什么？

4）根据本节实验内容 2、3 和 4，分别绘出外特性曲线，验证戴维南定理和诺顿定理的正确性，并分析产生误差的原因。

5）整理本节实验内容 5 的实验数据，画出各关系曲线：$I-R_L$，U_0-R_L，U_L-R_L，P_0-R_L，P_L-R_L。根据实验结果，说明负载获得最大功率的条件是什么？实验内容 2、3 和 4 的实验数据能说明负载获得最大功率的条件是什么吗？

6）总结、归纳本次实验，写出本次实验的收获与体会，包括实验中遇到的问题、处理问题的方法和结果。

1.8　受控源的实验研究

1.8.1　实验目的

1）学习含有受控源电路的分析方法，加深对受控源的理解。

2）了解用运算放大器组成的四种受控源的线路原理。

3）掌握测试受控源外特性及其转移参数的方法。

1.8.2　预习内容

复习教材中受控源的相关内容，理解受控源电路的基本原理，了解由运算放大器构成受控源电路的基本特性；熟悉实验内容及方法，了解本实验的注意事项，思考并回答以下问题。

1）受控源和独立源相比有何异同点？受控源和无源电阻元件相比有何异同点？

2）四种受控源中的 μ、g_m、r_m 和 α 的意义是什么？如何测得？

3）若受控源控制量的极性反向，试问其输出极性是否发生变化？通过实验验证。

1.8.3　实验原理

1. 受控源

电源有独立电源（如电池、发电机等）与非独立电源（或称为受控源）之分。受控源是从电子管、晶体管、场效应晶体管和运算放大器等电子器件中抽象出来的一种模型，模拟表示电子器件中所发生的物理现象，表征电子器件的电特性。由于电子管、晶体管、场效应晶体管和运算放大器等电子器件广泛使用在现代电路中，受控源已经和电阻、电容、电感等元件一样，成为电路的基本元件。受控源也是一种电源，但它对外提供的能量，既非取自控制量，又非受控源内部产生，而是由电子器件所需的直流电源供给。因此，受控源实际上是一种能量转换装置，它将直流电能转换成与控制量性质相同的电能。

受控源的电压或电流是电路中其他部分的电压或电流的函数，或者说受控源的电压或电流受到电路中其他部分的电压或电流的控制。当控制电压或电流消失或等于零时，受控源的电压或电流也将为零。受控源是四端元件，有两对端子，一对是控制量输入端口，另一对是受控量输出端口，因此也称为双口元件。根据控制量和受控量的不同组合，受控源可分为电压控制电压源（VCVS）、电压控制电流源（VCCS）、电流控制电压源（CCVS）和电流控制电流源（CCCS）四种类型，它们的示意图如图 1.8.1 所示，按照受控量或输出量的不同分成受控电压源（见图 1.8.1a、c）和受控电流源（见图 1.8.1b、d）。从图 1.8.1 中可以看出，理想受控源的控制支路中电压和电流只有一个是独立变量——电压 U_1 或电流 I_1，另一个电量——电流 I_1 或电压 U_1 为零。即从输入端口看，理想受控源要么是开路，输入电导及输入电流为零，如图 1.8.1a、b 所示；要么是短路，输入电阻及输入电压为零，如图 1.8.1c、d 所示。从受控源的出口看，理想受控源要么是一个理想电压源，如图 1.8.1a、c 所示；要么是一个理想电流源，如图 1.8.1b、d 所示。

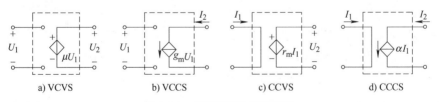

图 1.8.1　四种理想受控源模型

受控源与独立源的不同点是：独立源向外电路提供的电压或电流是某一固定的数值或是时间的某一函数，它不随电路其余部分的状态而变。而受控源向外电路提供的电压或电流则是随电路中另一支路的电压或电流控制量的变化而变化的，它不能独立地对外电路提供能量，受控源的输出是电路的"响应"。受控源不能独立存在，它输出的电压或电流的大小、极性或方向完全由控制量来决定。但受控电压源与受控电流源之间也可以像独立源一样进行等效变换。

受控源又与无源元件不同，无源元件两端的电压和它自身的电流有必然的函数关系，而受控源的输出电压 U_2 或电流 I_2 则和另一支路（或元件）的电流 I_1 或电压 U_1 有某种函数关系。受控源的控制量与受控量的关系式称为转移函数或转移特性。四种受控源的转移函数参量的概念如下：

1）电压控制电压源（VCVS）： $U_2 = f(U_1)$ ， $\mu = U_2 / U_1$ 称为转移电压比（或电压增益），即电压放大倍数，无量纲。

2）电压控制电流源（VCCS）： $I_2 = f(U_1)$ ， $g_m = I_2 / U_1$ 具有电导的量纲，称为转移电导。

3）电流控制电压源（CCVS）： $U_2 = f(I_1)$ ， $r_m = U_2 / I_1$ 具有电阻的量纲，称为转移电阻。

4）电流控制电流源（CCCS）： $I_2 = f(I_1)$ ， $\alpha = I_2 / I_1$ 称为转移电流比（或电流增益），即电流放大倍数，无量纲。

当受控源的电压（或电流）与控制支路的电压（或电流）成正比变化时，则该受控源是线性的。以上四种类型的受控源在实验中，通常由运算放大器来实现。本实验的四种类型受控源也采用运算放大器实现。

2. 运算放大器

运算放大器（简称运放）的内部结构虽然复杂，但我们只对运算放大器的输出与输入的关系感兴趣，故可以抽象为一个有两个输入端和一个输出端的有源三端器件。运算放大器的电路模型如图 1.8.2a 所示， U_+ 和 U_- 分别为施加在同相输入端和反相输入端的输入电压， A_o 为运算放大器的开环电压放大倍数，则输出电压为 $U_o = A_o(U_+ - U_-)$ 。由此可以看出，运算放大器是一个受控电压源，其等效电路如图 1.8.2b 所示。

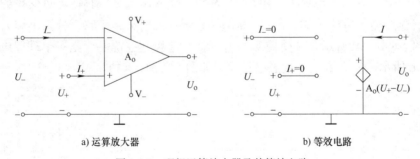

a) 运算放大器　　　　　　　b) 等效电路

图 1.8.2　理想运算放大器及其等效电路

运算放大器正常工作时，除了在输入端口输入信号电源之外，器件内部还需要有静态工作电源，如图 1.8.2a 中的 V_+ 与 V_- 。

理想运算放大器具有下列三大特征：

1）由于 $A_o = \infty$ ，且 U_o 为有限值，所以 $U_+ = U_-$ ，即"+"端与"−"端电位相等，称为虚短特性。

2）由于输入电阻 $R_i = \infty$ ，所以 $I_+ = I_- = 0$ ，称为虚断特性。

3）运算放大器的输出电阻 $R_o = 0$ 。

理想运算放大器的上述三大特点是分析含有运算放大器电路的重要依据。

3. 运算放大器构成的四种基本受控源电路

在运算放大器电路的外部接入不同的电路元件，可以构成四种基本受控源电路。

（1）电压控制电压源（VCVS）

由运算放大器构成的电压控制电压源电路如图 1.8.3a 所示。结合图 1.8.3a，利用理想运算放大器的电路特性 $U_+ = U_- = U_1$ 和 $I_+ = I_- = 0$，可得 $I_1 = I_2 = U_1/R_2$，所以运算放大器的输出电压 U_2 为

$$U_2 = I_1 R_1 + I_2 R_2 = (U_1/R_2)(R_1 + R_2)$$

可以看出，运算放大器的输出电压 U_2 与负载 R_L 的大小无关，只受输入电压 U_1 的控制，转移电压比为

$$\mu = \frac{U_2}{U_1} = \left(1 + \frac{R_1}{R_2}\right) \tag{1.8.1}$$

μ 无量纲，称为电压放大倍数。根据式（1.8.1），作出图 1.8.3a 的等效电路如图 1.8.3b 所示，可见图 1.8.3a 所示电路为 VCVS 电路。又因输出端与输入端有公共的接地端，所以这种接法称为"共地"连接。

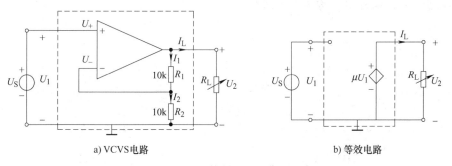

a) VCVS电路　　　　b) 等效电路

图 1.8.3　电压控制电压源典型电路

（2）电压控制电流源（VCCS）

将图 1.8.3a 中的 R_1 看成一个负载电阻 R_L，其电路组成如图 1.8.4a 所示。利用理想运算放大器的电路特性，$U_+ = U_- = U_1$ 和 $I_+ = I_- = 0$，得出输出电流 $I_L = I_R = U_1/R$，即运算放大器的输出电流 I_L 只受输入电压 U_1 的控制，与负载 R_L 的大小无关，转移电导为

$$g_m = \frac{I_L}{U_1} = \frac{1}{R} \tag{1.8.2}$$

根据式（1.8.2），可知图 1.8.4a 所示电路的等效电路如图 1.8.4b 所示，该电路为 VCCS 电路。因输出端与输入端无公共的接地端，所以这种接法称为"浮地"连接。

（3）电流控制电压源（CCVS）

由运算放大器构成的电流控制电压源电路如图 1.8.5a 所示。由于运算放大器的"+"端接地，所以 $U_+ = U_- = 0$，此时运算放大器的"–"端称为"虚地点"。显然流

过电阻 R 的电流 I_1 就等于网络的输入端口电流 I_S，所以运算放大器的输出电压 U_2 为 $U_2 = -I_1R = -I_SR$。显然，运算放大器的输出电压 U_2 与负载 R_L 大小无关，只受输入电流 I_S 的控制，转移电阻为

$$r_m = \frac{U_2}{I_S} = -R \tag{1.8.3}$$

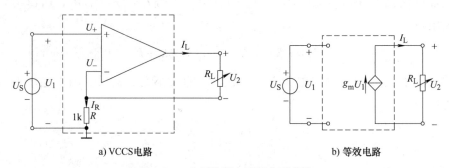

a) VCCS电路   b) 等效电路

图 1.8.4   电压控制电流源典型电路

式（1.8.3）中的负号表示输出与输入的相位相反。根据式（1.8.3），作出图 1.8.5a 的等效电路如图 1.8.5b 所示，可见图 1.8.5a 所示电路为 CCVS 电路。又因输出端与输入端有公共的接地端，所以这种接法称为"共地"连接。

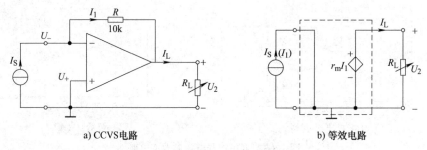

a) CCVS电路   b) 等效电路

图 1.8.5   电流控制电压源典型电路

（4）电流控制电流源（CCCS）

由运算放大器构成的电流控制电流源电路如图 1.8.6a 所示。由图 1.8.6a 可知，$U_a = -I_2R_2 = -I_1R_1$，$I_1 = I_s$，由基尔霍夫电流定律得 $I_L = I_1 + I_2 = I_1 + \frac{R_1}{R_2}I_1 = \left(1 + \frac{R_1}{R_2}\right)I_S$。可见，运算放大器的输出电流 I_L 与负载 R_L 大小无关，只受输入电流 I_S 的控制，转移电流比为

$$\alpha = \frac{I_L}{I_S} = 1 + \frac{R_1}{R_2} \tag{1.8.4}$$

α 无量纲，称为电流放大倍数。根据式（1.8.4），可知图 1.8.6a 所示电路的等效电路如图 1.8.6b 所示，该电路为 CCCS 电路。因输出端与输入端无公共的接地端，所以这种接法称为"浮地"连接。

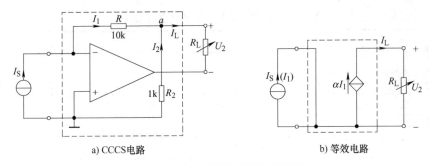

图 1.8.6 电流控制电流源典型电路

1.8.4 实验仪器及设备

序号	名称	型号与规格	数量
1	可调直流稳压电源	0 ~ 32V	1 个
2	可调恒流源	0 ~ 200mA	1 个
3	直流数字电压表	500V	1 块
4	直流数字毫安表	500mA	1 块
5	十进制可调电阻箱	0 ~ 99999.9Ω	1 个
6	受控源实验电路板		1 块

1.8.5 实验内容

1. 测量 VCVS 的转移特性 $U_2 = f(U_1)$ 及负载特性 $U_2 = f(I_L)$

实验线路理论模型如图 1.8.3b 所示，实际实验线路可参考图 1.8.3a 所示，其中运算放大器芯片可选用 UA741，用 ±12V 双电源供电，$U_S(U_1)$ 为可调直流稳压电源，R_L 为可调电阻箱。

1）固定 $R_L = 2\text{k}\Omega$，用直流电压表监测调节可调直流稳压电源输出电压 U_1，使其在 0 ~ 5V 范围内取值，具体取值可参考表 1.8.1 中参考值，测量直流稳压电源输出电压 U_1 及相应的负载 R_L 的电压 U_2，将数据记录到表 1.8.1 中相应位置。（理论上输入电压为 0V 时，输出电压亦应为 0V，但实际测量时输出电压往往偏离零值变化，称为零点漂移现象。）

2）根据实测数据，在坐标纸上绘制电压转移特性曲线 $U_2 = f(U_1)$，标出其线性部分，并在其线性部分求出转移电压比 μ。

3）保持直流稳压电源输出电压 $U_1 = 2\text{V}$（直流电压表监测），按表 1.8.2 调节可变电阻箱 R_L 的阻值，测量 VCVS 电路负载 R_L 的电压 U_2 及相应的负载电流 I_L，将数据记录到表 1.8.2 中相应位置。

4）测量完毕，关闭电源，拆除连线。

5）根据测量数据，在坐标纸上绘制负载特性曲线 $U_2 = f(I_L)$。

表 1.8.1 VCVS 和 VCCS 的转移特性数据

受控源	参考值	U_1/V	0	1	2	3	4	5
VCVS	测量值	U_1/V						
		U_2/V						
	测算值	$\mu=U_2/U_1$	—					
	理论值	$\mu=1+R_1/R_2$	μ 的绝对误差					
			μ 的相对误差					
VCCS	测量值	U_1/V						
		I_L/mA						
	测算值	g_m/S $(g_m=I_L/U_1)$	—					
	理论值	g_m/S $g_m=1/R$	g_m 的绝对误差					
			g_m 的相对误差					

表 1.8.2 VCVS 的负载特性数据

给定值	$R_L/k\Omega$	1	2	5	10	20	50	90	∞
测量值	U_2/V								
	I_L/mA								
计算值	U_2/V $(U_2=I_LR_L)$								
U_2 的绝对误差									
U_2 的相对误差									

2. 测量受控源 VCCS 的转移特性 $I_L=f(U_1)$ 及负载特性 $I_L=f(U_2)$

实验线路理论模型如图 1.8.4b 所示，实际实验线路可参考图 1.8.4a 所示，其中运算放大器芯片可选用 UA741，用 ±12V 双电源供电，U_S（U_1）为可调直流稳压电源，R_L 为可调电阻箱。

1）固定 $R_L=1k\Omega$，用直流电压表监测调节可调直流稳压电源的输出电压 U_1，使其在 $0\sim5V$ 范围内取值，具体取值可参考表 1.8.1 中参考值，测量直流稳压电源输出电压 U_1 及相应的负载 R_L 的电流 I_L，将数据记录到表 1.8.1 中相应位置。

2）根据实测数据，在坐标纸上绘制转移特性曲线 $I_L=f(U_1)$，标出其线性部分，并由其线性部分求出转移电导 g_m。

3）保持直流稳压电源输出电压 $U_1=2V$（直流电压表监测），按表 1.8.3 调节可变电阻箱 R_L 的阻值，令其从 $0\sim5k\Omega$ 之间变化，测量负载 R_L 的电流 I_L 及相应的负载电压 U_2，将数据记录到表 1.8.3 中相应位置。

4）测量完毕，关闭电源，拆除连线。

5）根据测量数据，在坐标纸上绘制负载特性曲线 $I_L=f(U_2)$。

表 1.8.3 VCCS 的负载特性数据

给定值	R_L/kΩ	0	1	2	3	4	5
测量值	I_L/mA						
	U_2/V						
计算值	I_L/mA ($I_L=U_2/R_L$)						
I_L 的绝对误差							
I_L 的相对误差							

3. 测量受控源 CCVS 的转移特性 $U_2 = f(I_S)$ 与负载特性 $U_2 = f(I_L)$

实验线路理论模型如图 1.8.5b 所示，实际实验线路可参考图 1.8.5a 所示，其中运算放大器芯片可选用 UA741，用 ±12V 双电源供电，I_S（I_L）为可调直流恒流源，R_L 为可调电阻箱。

1）固定 $R_L = 1$kΩ，用直流电流表监测调节可调恒流源的输出电流 I_S，使其在 0～1mA 范围内取值，具体取值可参考表 1.8.4 中参考值，测量恒流源的输出电流 I_S 及相应的负载 R_L 的电压 U_2，将数据记录到表 1.8.4 中相应位置。

表 1.8.4 CCVS 和 CCCS 的转移特性数据

受控源	参考值	I_S/mA	0	0.1	0.2	0.4	0.6	0.8	0.9	1.0
CCVS	测量值	I_S/mA								
		U_2/V								
	测算值	r_m/kΩ ($r_m=U_2/I_S$)	—							
	r_m 理论值	r_m/kΩ ($r_m=-R$)	r_m 的绝对误差							
			r_m 的相对误差							
受控源	参考值	I_S/mA	0	0.2	0.3	0.4	0.5	0.6	0.7	0.8
CCCS	测量值	I_S/mA								
		I_L/mA								
	测算值	$\alpha=I_L/I_S$	—							
	α 理论值	$\alpha=1+R_1/R_2$	α 的绝对误差							
			α 的相对误差							

2）根据实测数据，在坐标纸上绘制转移特性曲线 $U_2 = f(I_S)$，标出其线性部分，并由线性部分求出转移电阻 r_m。

3）保持恒流源输出电流 $I_S = 0.3$mA（直流电流表监测），按表 1.8.5 调节可变电阻箱 R_L 的阻值，测量负载 R_L 的电压 U_2 及相应的负载电流 I_L，将数据记录到表 1.8.5 中相应位置。

表 1.8.5　CCVS 的负载特性数据

给定值	$R_L/k\Omega$	1	2	5	10	20	50	90	∞
测量值	U_2/V								
	I_L/mA								
计算值	U_2/V ($U_2=I_LR_L$)								
U_2 的绝对误差									
U_2 的相对误差									

4）测量完毕，关闭电源，拆除连线。

5）根据测量数据，在坐标纸上绘制负载特性曲线 $U_2 = f(I_L)$。

4. 测量受控源 CCCS 的转移特性 $I_L = f(I_S)$ 及负载特性 $I_L = f(U_2)$

实验线路理论模型如图 1.8.6b 所示，实际实验线路可参考图 1.8.6a 所示，其中运算放大器芯片可选用 UA741，用 ±12V 双电源供电，I_S（I_1）为可调直流恒流源，R_L 为可调电阻箱。

1）固定 $R_L = 2k\Omega$，用直流电流表监测调节恒流源的输出电流 I_S，使其在 0～0.8mA 范围内取值，具体取值可参考表 1.8.4 中参考值，测量恒流源的输出电流 I_S 及相应的负载 R_L 的电流 I_L，将数据记录到表 1.8.4 中相应位置。

2）根据实测数据，在坐标纸上绘制转移特性曲线 $I_L = f(I_S)$，标出其线性部分，并由其线性部分求出转移电流比 α。

3）保持恒流源输出电流 $I_S = 0.3mA$（直流电流表监测），按表 1.8.6 调节可变电阻箱 R_L 的阻值，测量负载 R_L 的电流 I_L 及相应的负载电压 U_2，将数据记录到表 1.8.6 中相应位置。

4）测量完毕，关闭电源，拆除连线。

5）根据测量数据，在坐标纸上绘制负载特性曲线 $I_L = f(U_2)$。

表 1.8.6　CCCS 的负载特性数据

给定值	$R_L/k\Omega$	0	0.5	1	1.5	2	3	4	5
测量值	I_L/mA								
	U_2/V								
计算值	I_L/mA ($I_L=U_2/R_L$)								
I_L 的绝对误差									
I_L 的相对误差									

1.8.6　注意事项

1）在实验中作受控源的运算放大器正常工作时，除了在输入端提供输入信号（控制量）以外，还需要接通静态工作电源。

2）在实验中作受控源的运算放大器，输入端电压、电流不能超过额定值，输出端不能与地短路。

3）受控电压源的输出不能短路，受控电流源的输出不能开路。

4）每次换接线路，必须事先断开供电电源。

5）直流稳压电源或恒流源必须用直流电压表或电流表标定，通电初期，一般电源的输出不稳定，应稍等片刻再进行测量。

1.8.7   实验报告及问题讨论

1）回答本节预习内容中的思考题。

2）根据实验数据，在坐标纸上分别绘出四种受控源的转移特性曲线和负载特性曲线，并求出相应的转移参量。

3）受控源的控制特性是否适合于交流信号？

4）对实验的结果做出合理的分析和结论，总结对四种受控源的认识和理解。

5）总结、归纳本次实验，写出本次实验的收获与体会，包括实验中遇到的问题、处理问题的方法和结果。

第 2 部分

动态电路实验

在许多电路中，除了有独立源、电阻和受控源外，还常用到电容元件和电感元件。电容元件和电感元件与电阻元件不同，它们不消耗能量，是储能元件，它们的电压、电流关系是微分或积分形式，所以又称它们为动态元件。含有动态元件的电路称为动态电路。本部分通过实验的方法研究动态电路性质。

2.1 一阶 RC 电路的响应及其应用

2.1.1 实验目的

1）研究一阶 RC 电路的零输入响应、零状态响应及全响应的变化规律和特点。
2）熟悉示波器的使用，学会用示波器观察和分析电路的响应并测绘图形。
3）学习电路时间常数的测量方法，了解一阶电路参数对时间常数的影响。
4）掌握微分电路和积分电路的基本概念，研究它们的实际应用。
5）学习使用函数信号发生器。

2.1.2 预习内容

复习教材中有关储能元件的基本性质、一阶 RC 电路的响应过程、时间常数等的物理概念和意义；理解构成积分电路和微分电路的条件和它们的区别；预习实验内容，了解实验的基本方法和注意事项；学习函数信号发生器和示波器的使用方法；思考并回答以下问题。

1）什么是换路？电路在换路时，哪些物理量一般不能跃变？哪些物理量一般要跃变？
2）什么样的电信号可作为一阶 RC 电路零输入响应、零状态响应和全响应的激励信号？
3）当电容具有初始值时，一阶 RC 电路在直流激励下有可能不出现暂态现象吗？
4）如果电路的一次换路所产生的暂态没有结束，又产生了第二次换路或多次换路，是否还能用一阶电路的三要素法分析？
5）在同一信号输入的条件下，如果将微分电路的电容和电阻的位置调换，能否组成积分电路，为什么？

2.1.3 实验原理

含有动态元件的电路又称动态电路。动态电路的一个特征是当电路的结构或元件的参数发生变化时，可能使电路改变原来的工作状态，转变到另一个工作状态。由于动态电路中存在储能元件，这种转变通常不可能在瞬间完成，需要经历一个过程，这个过程在工程上称为过渡过程，该过渡过程是十分短暂的单次变化过程，故也称为暂态过程，暂态过程的快慢由电路的时间常数决定。研究暂态过程具有重要的实际意义，例如，在电子电路中广泛应用的 RC 电路充、放电过程，就是工作在暂态之中。分析电路的暂态过程，还可以了解电路中可能出现的过电压和大电流，以便采取适当措施防止电器设备受到破坏。

1. 一阶 RC 串联电路的响应

一般情况下，当电路仅含一个动态元件，动态元件以外的线性电阻电路可用戴维南定理或诺顿定理置换为电压源和电阻串联或电流源和电阻并联，这样的电路所建立的电路方程为一阶线性常系数微分方程，相应的电路称为一阶电路。

（1）一阶 RC 串联电路的零状态响应

图 2.1.1a 所示为一阶 RC 串联电路，首先开关 S 置于 1 的位置，$u_C = 0$，C 未储能，处于零状态；在 $t = 0$ 时，开关 S 由 1 掷向 2，则电源通过 R 对 C 充电，充电曲线如图 2.1.1b 所示。从曲线看出，电容电压从零值开始上升，逐渐趋向于 U_S。电路方程为

$$\begin{cases} RC\dfrac{\mathrm{d}u_C}{\mathrm{d}t} + u_C = U_S\,\varepsilon(t) \\ u_C(0_+) = u_C(0_-) = 0 \end{cases}$$

式中，$\varepsilon(t)$ 为单位阶跃函数。根据一阶微分方程的求解知

$$u_C(t) = U_S(1 - \mathrm{e}^{-t/\tau})\varepsilon(t) \tag{2.1.1}$$

式中，τ 为时间常数，$\tau = RC$。式（2.1.1）称为一阶 RC 串联电路的零状态响应。由式（2.1.1）可知，电容电压 u_C 从零值开始按指数规律上升，最终趋向于稳态值 U_S，且当 $t = \tau$ 时，$u_C = 0.632U_S$，如图 2.1.1b 所示。所以，电路零状态响应的充电速度决定于时间常数，τ 越小，u_C 上升越快。理论上要经过无限长时间 u_C 才能达到 U_S，但在工程上，一般经过 $3\tau \sim 5\tau$ 的时间即可认为充电的暂态过程结束，这一暂态为电容的充电过程。

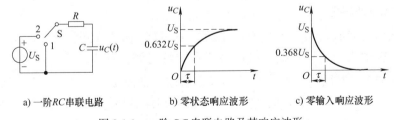

a) 一阶 RC 串联电路　　　b) 零状态响应波形　　　c) 零输入响应波形

图 2.1.1　一阶 RC 串联电路及其响应波形

（2）一阶 RC 串联电路的零输入响应

如果将图 2.1.1a 所示一阶 RC 串联电路的开关 S 首先置于 2 的位置，使电路处于稳定状态（即 C 充满电能）；在 $t = 0$ 时，开关 S 由 2 掷向 1，则 C 通过 R 放电，放电曲线如图 2.1.1c 所示。从曲线看出，电容电压从 U_S 值开始逐渐衰减到零。电路方程为

$$\begin{cases} RC\dfrac{\mathrm{d}u_C}{\mathrm{d}t} + u_C = 0 \\ u_C(0_+) = u_C(0_-) = U_{\mathrm{S}} \end{cases}$$

根据一阶微分方程的求解知

$$u_C(t) = U_{\mathrm{S}}\mathrm{e}^{-t/\tau}\varepsilon(t) \tag{2.1.2}$$

式（2.1.2）称为一阶 RC 串联电路的零输入响应。由式（2.1.2）可知，电容电压 u_C 从 U_{S} 值开始按指数规律衰减，最终衰减到零，且当 $t=\tau$ 时，$u_C=0.368U_{\mathrm{S}}$，如图 2.1.1c 所示。因此，电路零输入响应的放电速度决定于时间常数，τ 越小，u_C 衰减越快。理论上要经过无限长时间 u_C 才能衰减到零，但在工程上，一般经过 $3\tau\sim5\tau$ 的时间即可认为放电的暂态过程结束，这一暂态为电容的放电过程。

（3）一阶 RC 串联电路的全响应

如果一阶电路的初始状态和输入激励都不为零，即电路受到初始状态和输入共同激励时，电路的响应称为全响应。

2. 方波序列脉冲响应

一阶电路中，暂态过程一般都很短暂且不重复，不容易用普通示波器观察响应曲线。为此，利用函数信号发生器输出的方波序列脉冲来模拟阶跃激励信号，即令方波输出的上升沿作为零状态响应的正阶跃激励信号，方波下降沿作为零输入响应的负阶跃激励信号，可以使一阶电路实现重复充放电过程，便于用示波器观察和测量。方波序列脉冲激励下电路的响应情况，与电路的时间常数 τ 和方波的脉宽 t_p 或重复周期 T 有关，选择方波的脉宽 t_p（或重复周期 T）与电路的时间常数 τ 满足一定的关系，电路的响应和直流电源接通与断开的过渡过程基本相同。若 $t_p \geq 5\tau$，可看作是在方波序列脉冲激励下的零状态响应与零输入响应的交替过程；反之，则为全响应。

将 $t_p \geq 5\tau$ 方波序列脉冲信号加在电压初始值为零的一阶 RC 电路上，其响应曲线如图 2.1.2 所示，电路的方波序列脉冲响应就是电容连续充电、放电的动态过程。电容充电和放电的快慢取决于电路的时间常数 τ，其值可以从示波器观测到的波形中估算出来。

3. 时间常数 τ 的测定

用示波器测量时间常数，首先要在示波器显示屏上形成如图 2.1.2 所示稳定的波形，横轴为时间，纵轴为电压。根据一阶微分方程的解可知，在零状态响应中，当 u_C 从初始值零上升到 $0.632U_{\mathrm{S}}$ 时所需的时间即为时间常数 τ，如图 2.1.1b 所示；在零输入响应中，u_C 从初始值 U_{S} 下降到 $0.368U_{\mathrm{S}}$ 时所需的时间即为时间常数 τ，如图 2.1.1c 所示。所以，测出示波器显示屏上这两组点在时间轴上的时间基线长度，即可计算得到一阶 RC 电路的时间常数。

用示波器测定一阶 RC 电路时间常数的方法具体如下：在一阶 RC 电路输入方波序列脉冲信号，将示波器的测试探极接在电容两端，调节示波器纵轴控制旋钮（VOLTS/DIV）和横轴控制旋钮（TIME/DIV），使示波器显示屏上呈现出一个稳定的指数曲线，如图 2.1.3 所示。按下示波器功能菜单区的 Cursor 键，选择手动光标模式，对所选波形的电压和时间进行测量。如在图 2.1.3 所示零状态响应中，在示波器显示的零状态响应曲线上找到纵轴方向 $u_C=0.632U_S$ 与 $u_C=0$ 的两个点 Q 和 O，有的数字示波器可显示光标与波形交点的横纵坐标及两个交点横纵坐标差，那么将两个光标手动调到 Q 和 O 点，然后直接读取横坐标差即为时间常数的测量值。如果所使用的示波器无显示坐标及坐标差的功能，则需将 Q 和 O 两点在横轴方向投影为 P 和 O，测出 P 和 O 两点时间值的差，即时间基线长度（也可在零输入响应曲线中，测出 $u_C=0.368U_S$ 与 $u_C=U_S$ 两个点时间轴方向的时间基线长度）；然后根据示波器的扫描速率，确定时间轴每格对应的时间；最后计算出时间基线长度对应的时间，该时间即为时间常数。数值关系如下：设时间轴扫描速度标称值为 S（s/ 格），零状态响应中，在示波器显示屏上测得电容电压最大值 $U_{CM}=U_S=a$ 格，在显示屏纵轴上取值 $b=0.632a$ 格，在曲线上找到对应点 Q 和 P，使 $PQ=b$ 格，测得 $OP=n$ 格，则时间常数 $\tau=S$ s/ 格 $\times n$ 格。

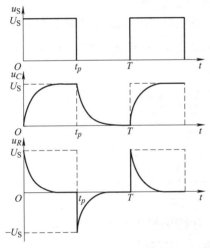

图 2.1.2 　$t_p \geqslant 5\tau$ 方波作用于 RC 电路的波形

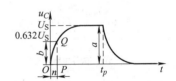

图 2.1.3 　时间常数的测定

4. 一阶 RC 串联电路的应用

微分电路和积分电路是一阶 RC 串联电路中较典型的电路，但它们对电路元件参数和输入信号的周期有着特定的要求。

（1）RC 积分电路

方波序列脉冲信号作用在 RC 串联电路中，当电路参数的选择满足 $\tau \gg t_p$ 时 [一般取 $\tau=(5\sim10)t_p$]，由电容 C 两端的电压作为响应输出的 RC 串联电路，即称为积分电路，如图 2.1.4a 所示。由图可知，$u_i=u_R+u_C$，如果一阶 RC 电路的时间常数 τ 远大于输入方波序列脉冲的脉宽 t_p，电容充电很慢，u_C 增长缓慢，$u_R \gg u_C$，则 $u_i \approx u_R$。于是可得如下积分运算关系：

$$u_C = \frac{1}{C}\int i\mathrm{d}t = \frac{1}{C}\int \frac{u_R}{R}\mathrm{d}t \approx \frac{1}{RC}\int u_i\mathrm{d}t = \left(\int u_i\mathrm{d}t\right)/\tau$$

此时电路的输出电压信号 u_C 与输入电压信号 u_i 的积分成正比，即 $u_C \approx \left(\int u_i\mathrm{d}t\right)/\tau$。输入电

压为方波序列脉冲时，输出电压近似为三角波，如图 2.1.4b 所示。在脉冲电路中，常用积分电路将矩形脉冲信号变换成锯齿波信号。

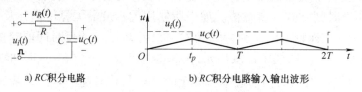

a) RC积分电路　　　　　　b) RC积分电路输入输出波形

图 2.1.4　RC 积分电路及输入输出波形

（2）RC 微分电路

方波序列脉冲信号作用在 RC 串联电路中，当电路参数的选择满足 $\tau \ll t_p$ 时 [一般取 $t_p = (5\sim10)\tau$]，由电阻 R 两端的电压作为响应输出的 RC 串联电路，就构成了一个微分电路，如图 2.1.5a 所示。由图可知，$u_i = u_C + u_R$，如果一阶 RC 电路的时间常数 τ 远小于输入方波序列脉冲的脉宽 t_p，电容充电很快，u_C 增长迅速，$u_R \ll u_C$，则 $u_i \approx u_C$。于是可得如下微分运算关系：

$$u_R = Ri = RC \frac{\mathrm{d}u_C}{\mathrm{d}t} \approx RC \frac{\mathrm{d}u_i}{\mathrm{d}t} = \tau \frac{\mathrm{d}u_i}{\mathrm{d}t}$$

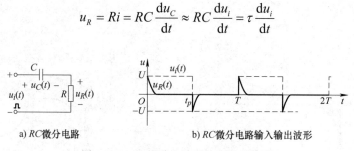

a) RC微分电路　　　　　　b) RC微分电路输入输出波形

图 2.1.5　RC 微分电路及输入输出波形

此时电路的输出电压信号 u_R 与输入电压信号 u_i 的微分成正比，即 $u_R \approx \tau \frac{\mathrm{d}u_i}{\mathrm{d}t}$。输入电压为方波序列脉冲时，输出电压为正负交变的尖峰波，如图 2.1.5b 所示。常应用这种电路把矩形脉冲变换成尖脉冲作触发信号。

从输出波形来看，上述电路均起着波形变换的作用，请在实验过程中仔细观察与记录。

2.1.4　实验仪器及设备

序号	名称	型号与规格	数量
1	函数信号发生器		1 台
2	双通道示波器		1 台
3	一阶电路实验板		1 块

2.1.5　实验内容

1. 观测 RC 电路的方波序列脉冲响应和 RC 积分电路的响应

实验电路如图 2.1.4a 所示。

1）选择 $R=30\text{k}\Omega$，$C=1000\text{pF}$（即 $0.001\mu\text{F}$）组成如图 2.1.4a 所示的 RC 充放电电路。u_i 为函数信号发生器的输出，调节该输出为峰峰值 U_{pp} 是 3V、频率 f 是 1kHz 的方波序列脉冲电压信号。

2）通过两根同轴电缆线，将函数信号发生器（激励源）的输出信号 u_i 和 RC 串联电路电容电压信号 u_C 分别连至示波器的 X 和 Y 两个输入口，在示波器的屏幕上观察 u_i 与 u_C 的波形，记录 u_i 与 u_C 的峰峰值于表 2.1.1 中相应位置，并描绘 u_i 和 u_C 波形。

3）按照图 2.1.3 所示方法，利用示波器中响应信号 u_C 的波形，求测 RC 串联电路的时间常数 τ'。

4）改变 C 的值，令 $C=0.01\mu\text{F}$，重复 2）的内容。

5）继续改变 C 的值，按表 2.1.1 中参数要求选取，重复 2）的内容。观察 C 值的变化对响应 u_C 波形的影响。

6）改变 R 和 C 的值，按表 2.1.1 中参数要求选取，重复 2）的内容。说明时间常数对 RC 充放电电路输出电压 u_C 的影响。

7）测试完毕，关闭电源，拆除连线。

表 2.1.1　RC 串联电路的观测数据

$R=30\text{k}\Omega$		输入输出波形图（相同 R 值不同 C 值情况下的 u_i、u_C 描绘在同一图中）				$R=10\text{k}\Omega$	
u_i 峰峰值	u_C 峰峰值	u_i、u_C	$C/\mu\text{F}$	u_i、u_C		u_i 峰峰值	u_C 峰峰值
			0.001				
			0.01				
			0.1				
			1				

$C=0.001\mu\text{F}$		输入输出波形图（相同 C 值不同值 R 情况下的 u_i、u_R 描绘在同一图中）				$C=0.01\mu\text{F}$	
u_i 峰峰值	u_R 峰峰值	u_i、u_R	$R/\text{k}\Omega$	u_i、u_R		u_i 峰峰值	u_R 峰峰值
			1				
			10				
			100				
			1000				

2. 观测 RC 微分电路的响应

实验电路如图 2.1.5a 所示。

1）令 $C=0.001\mu\text{F}$，$R=1\text{k}\Omega$，组成如图 2.1.5a 所示的微分电路。u_i 为函数信号发生器

的输出，调节该输出为峰峰值 U_{pp} 是 3V、频率 f 是 1kHz 的方波序列脉冲电压信号。

2）通过两根同轴电缆线，将函数信号发生器的输出信号 u_i 和 RC 串联电路电阻电压信号 u_R 分别连至示波器的 X 和 Y 两个输入口，观测并描绘激励 u_i 与响应 u_R 的波形，记录 u_i 与 u_R 的峰峰值于表 2.1.1 中相应位置。

3）改变 R 之值，按表 2.1.1 中参数要求选取，重复 2）的内容。

4）用一最大阻值为 10kΩ 的电位器替换图 2.1.5a 中的电阻，将其阻值由最大缓慢变小，观察阻值的变化对响应 u_R 波形的影响。

5）改变 R 和 C 的值，按表 2.1.1 中参数要求选取，重复 2）的内容。说明时间常数对 RC 充放电电路输出电压 u_R 的影响。

6）测量完毕，关闭电源，拆除连线。

2.1.6 注意事项

1）调节电子仪器各旋钮时，动作不要过猛。实验前，需熟读示波器的使用说明，注意开关、旋钮的操作与调节。

2）信号源的接地端与示波器的接地端要连在一起（称共地），以防外界干扰而影响测量的准确性。

3）模拟示波器的辉度不应过亮，尤其是光点长期停留在荧光屏上不动时，应将辉度调暗，以延长示波管的使用寿命。

2.1.7 实验报告及问题讨论

1）回答本节预习内容中的思考题。

2）求 RC 串联电路的时间常数，其中 R=30kΩ，C=1000pF，并与本节实验内容 1.3 测算结果比较，分析误差产生的原因。

3）在 RC 积分电路测量实验中，输出波形的幅值为什么会很小？

4）根据实验结果，绘出电路输出信号与输入信号的对应波形，归纳、总结积分电路和微分电路的形成条件，阐明波形变换的特征并得出相应结论。

5）观测 RC 微分电路响应实验中，当电位器阻值由大到小变化时，微分电路响应 u_R 的波形如何变化？说明如何得到脉宽更窄的尖脉冲。

6）总结、归纳本次实验，写出心得体会，包括实验中遇到的问题、处理问题的方法和结果。

2.2 二阶动态电路的响应及其测试

2.2.1 实验目的

1）学习用实验的方法研究二阶动态电路的响应，了解电路元件参数对响应的影响。

2）进一步熟悉示波器的使用，会用示波器观察和分析电路的响应并测绘图形。

3）用示波器观察 GCL 并联电路响应的三种状态轨迹，加深对二阶电路波形特点的认识与理解。

4）进一步熟悉函数信号发生器的使用。

2.2.2 预习内容

复习教材中有关动态元件的基本性质，理解二阶电路的响应过程、衰减系数、振荡频率、固有频率等概念和意义；熟悉函数信号发生器和示波器的使用方法；预习实验内容，了解实验的基本方法和注意事项；根据二阶电路元件的参数，事先计算出临界阻尼状态的 R 的值；思考并回答以下问题。

1）GCL 并联电路和 RLC 串联电路的响应之间存在着什么关系？

2）如果输入为不等于固有频率的正弦信号，在 GCL 并联电路处在过阻尼情况下，其响应是否为正弦波？

3）如果函数信号发生器输出脉冲的频率提高（如从 1kHz 提高至 2kHz），那么所观察到的波形还是零输入和零状态响应吗？

2.2.3 实验原理

含有两个独立储能元件，且用二阶微分方程描述的电路称为二阶电路。简单而典型的二阶电路有 RLC 串联电路和 GCL 并联电路，这二者之间存在着对偶关系，本实验对 GCL 并联电路进行研究。

1. GCL 并联二阶电路的零状态响应

图 2.2.1 所示为 GCL 并联电路，首先开关 S 闭合，$u_C(0_-) = 0$，$i_L(0_-) = 0$，C 和 L 均未储能，处于零状态；在 $t = 0$ 时，开关 S 断开，由换路定则知 $u_C(0_+) = u_C(0_-) = 0$，$i_L(0_+) = i_L(0_-) = 0$。根据基尔霍夫电流定律（KCL）有

$$i_C(t) + i_G(t) + i_L(t) = I_S \varepsilon(t)$$

式中，$\varepsilon(t)$ 为单位阶跃函数。以 i_L 为待求变量，得电路的微分方程

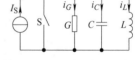

$$LC \frac{d^2 i_L}{dt^2} + GL \frac{di_L}{dt} + i_L = I_S \varepsilon(t)$$

图 2.2.1 GCL 并联电路

其特征方程为 $LCp^2 + GLp + 1 = 0$，解得两个特征根为

$$p_{1,2} = -\frac{G}{2C} \pm \sqrt{\left(\frac{G}{2C}\right)^2 - \frac{1}{LC}} = -\alpha \pm \sqrt{\alpha^2 - \omega_0^2} \qquad (2.2.1)$$

$$\alpha = \frac{G}{2C}, \quad \omega_0 = \frac{1}{\sqrt{LC}} \qquad (2.2.2)$$

式中，α 为衰减系数或阻尼常数，ω_0 为电路无阻尼自由振荡固有（角）频率或谐振（角）频率。

当 $G \neq 0$ 时，电路特征方程的解分为三种情况：

1）$\alpha < \omega_0$（即 $G < 2\sqrt{\dfrac{C}{L}}$），由式（2.2.1）可知两特征根 p_1、p_2 为一对共轭复数，响应 $i_L(t)$ 为欠阻尼状态，电流零状态响应由暂态分量和稳态分量构成，$i_L(t) = i_{Lh}(t) + i_{Lp}(t) = \{e^{-\alpha t}[k_1\cos(\omega_d t) + k_2\sin(\omega_d t)] + I_S\}\varepsilon(t) = [ke^{-\alpha t}\cos(\omega_d t + \theta) + I_S]\varepsilon(t)$，其中常数 k_1、k_2、k 和 θ 依据初始条件确定，ω_d 称为衰减振荡的角频率，其具体取值详见式（2.2.3）。$i_L(t)$ 的暂态分量 $i_{Lh}(t) = ke^{-\alpha t}\cos(\omega_d t + \theta)\varepsilon(t)$ 为振幅随时间按指数规律衰减的正弦振荡过程，$i_L(t)$ 的稳态分量为 $i_{Lp}(t) = I_S\varepsilon(t)$，$i_L(t)$ 如图 2.2.2 中欠阻尼曲线所示。

$$\omega_d = \sqrt{\omega_0^2 - \alpha^2} \qquad (2.2.3)$$

2）$\alpha > \omega_0$（即 $G > 2\sqrt{\dfrac{C}{L}}$），由式（2.2.1）可知两特征根 p_1、p_2 为不相等的负实数，响应 $i_L(t)$ 为过阻尼状态，电流零状态响应由暂态分量和稳态分量构成，$i_L(t) = i_{Lh}(t) + i_{Lp}(t) = (k_1 e^{p_1 t} + k_2 e^{p_2 t} + I_S)\varepsilon(t)$，常数 k_1 和 k_2 依据初始条件确定。$i_L(t)$ 的暂态分量 $i_{Lh}(t) = (k_1 e^{p_1 t} + k_2 e^{p_2 t})\varepsilon(t)$ 为非振荡性的指数衰减过程，$i_L(t)$ 的稳态分量为 $i_{Lp}(t) = I_S\varepsilon(t)$，$i_L(t)$ 如图 2.2.2 中过阻尼曲线所示。

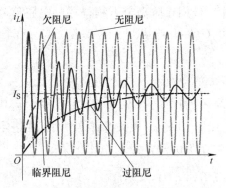

图 2.2.2　不同阻尼状态的零状态响应图

3）$\alpha = \omega_0$（即 $G = 2\sqrt{\dfrac{C}{L}}$），由式（2.2.1）可知两特征根 p_1、p_2 为相等的负实数，响应 $i_L(t)$ 为临界阻尼状态，电流零状态响应由暂态分量和稳态分量构成，$i_L(t) = i_{Lh}(t) + i_{Lp}(t) = [e^{-\alpha t}(k_1 + k_2 t) + I_S]\varepsilon(t)$，常数 k_1 和 k_2 依据初始条件确定。$i_L(t)$ 的暂态分量 $i_{Lh}(t) = [e^{-\alpha t}(k_1 + k_2 t)]\varepsilon(t)$ 为临界非振荡性的衰减过程，$i_L(t)$ 的稳态分量为 $i_{Lp}(t) = I_S\varepsilon(t)$，$i_L(t)$ 如图 2.2.2 中临界阻尼曲线所示。

当 $G = 0$ 时，即为纯 LC 并联情况时，$p_{1,2} = -\dfrac{G}{2C} \pm \sqrt{\left(\dfrac{G}{2C}\right)^2 - \dfrac{1}{LC}} = \pm\mathrm{j}\sqrt{\dfrac{1}{LC}} = \pm\mathrm{j}\omega_0$。两特征根 p_1、p_2 为一对纯虚数，响应 $i_L(t)$ 为无阻尼情况，电流零状态响应为 $i_L(t) = [1 - \cos(\omega_0 t)]I_S\varepsilon(t)$。$i_L(t)$ 为等幅振荡过程，振荡角频率为 ω_0，如图 2.2.2 中无阻尼曲线所示。

以上各参数 α、ω_0、ω_d 及特征根 p_1、p_2 仅与电路结构和元件参数有关，能够完全表征二阶动态电路的属性。

2. GCL 并联二阶电路的零输入响应

如果将图 2.2.1 的开关 S 首先断开，使电路处于稳定状态（即 C 和 L 充满电磁能），设电容两端的初始电压 $u_C(0_-) = U_0$，流过电感的初始电流 $i_L(0_-) = I_0$；在 $t = 0$ 时，开关 S 闭合，GCL 并联电路输入为零，由换路定则知 $u_C(0_+) = u_C(0_-) = U_0$，$i_L(0_+) = i_L(0_-) = I_0$。根据 KCL 有

$$i_C(t) + i_G(t) + i_L(t) = 0$$

以 i_L 为待求变量，得电路的微分方程

$$LC\frac{\mathrm{d}^2 i_L}{\mathrm{d}t^2} + GL\frac{\mathrm{d}i_L}{\mathrm{d}t} + i_L = 0$$

这是一个二阶常系数齐次微分方程，其特征方程、衰减系数 α、固有（角）频率 ω_0、欠阻尼状态下衰减振荡角频率 ω_d 表达式与零状态响应时的完全一样，只不过由于 GCL 并联电路零输入响应的输入为零，响应 $i_L(t)$ 只包含暂态分量，稳态分量为零。和零状态响应一样，根据 G、α 与 ω_0 的关系，$i_L(t)$ 的变化规律分为欠阻尼、过阻尼、临界阻尼和无阻尼四种状态，它们的变化曲线如图 2.2.3 所示，与零状态响应的暂态分量类似。

3. GCL 并联二阶电路的方波序列脉冲响应

由于使用示波器观察周期性信号波形稳定而且易于调节，因此在实验中用方波序列脉冲信号作为输入信号。如图 2.2.4a 所示，GCL 并联电路在合适的方波序列脉冲信号的激励下，可获得零状态与零输入响应，其响应的变化轨迹决定于电路的结构参数。当调节电路的元件参数值，使电路的特征方程的根分别为共轭复数、负实数及纯虚数时，可获得欠阻尼、过阻尼、临界阻尼和无阻尼这四种响应对应的衰减振荡、单调衰减和等幅振荡的波形。图 2.2.4b 即为在合适频率方波序列脉冲信号作为输入信号时，GCL 并联电路欠阻尼响应。

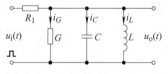

a) 方波序列脉冲激励下的 GCL 并联电路

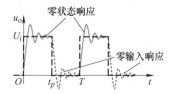

b) GCL 并联电路在方波激励下的欠阻尼响应

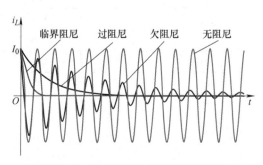

图 2.2.3　不同阻尼状态的零输入响应　　　图 2.2.4　GCL 并联二阶电路及欠阻尼响应波形

4. GCL 并联二阶电路欠阻尼状态下衰减系数与衰减振荡频率的测定

用示波器测定欠阻尼状态下衰减系数与衰减振荡频率，首先可用图 2.2.4a 所示电路，

调节电路的元件参数，在示波器显示屏上形成一个稳定的、周期的欠阻尼响应波形，如图 2.2.4b 所示，横轴为时间，纵轴为电压值。

根据二阶微分方程的求解知，在欠阻尼状态下，零状态响应为

$$u_o(t) = [1 - e^{-\alpha t} \cos(\omega_d t)] U_i \varepsilon(t) \tag{2.2.4}$$

零状态响应为振幅随时间按指数规律 $e^{-\alpha t}$ 衰减的正弦振荡过程，如图 2.2.5 所示。由式（2.2.4）可知，$\dfrac{U_1}{U_2} = e^{\alpha T_d}$，由此可以推算出衰减系数

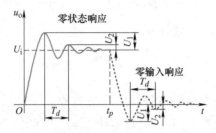

图 2.2.5　欠阻尼状态下衰减系数与振荡频率的测定

$$\alpha = \frac{1}{T_d} \ln \frac{U_1}{U_2} \tag{2.2.5}$$

衰减振荡角频率为

$$\omega_d = \frac{2\pi}{T_d} \tag{2.2.6}$$

由图 2.2.5 可知，T_d 可由图中所示的零状态响应波形的两个相邻波峰（或波谷）测定。

当然 α 和 ω_d 也可以用欠阻尼状态下零输入响应波形进行测定，各待测量如图 2.2.5 中零输入响应部分标示。

2.2.4　实验仪器及设备

序号	名称	型号与规格	数量
1	函数信号发生器		1 台
2	双踪示波器		1 台
3	二阶实验电路板		1 块
4	万用表		1 块

2.2.5　实验内容

1. 观察方波序列脉冲激励下 GCL 并联电路的响应

1）按图 2.2.4a 所示搭建二阶 GCL 并联电路（或直接选用二阶实验电路板），其中 $R_1 = 10\text{k}\Omega$，$L = 4.7\text{mH}$，$C = 0.001\mu\text{F}$，G 为最大阻值为 10kΩ 可变电阻器（或电位器）的

电导。

2）用函数信号发生器的方波序列脉冲作为二阶 GCL 并联电路的激励，调节函数信号发生器的输出为峰峰值为 U_{pp}=3V，频率为 f=1kHz 的方波序列脉冲，用同轴电缆将激励端 u_i 和响应输出端 u_o 接至示波器的 X 和 Y 两个输入口。

3）调节可变电阻器之值 G，用示波器观察 GCL 二阶电路的零输入响应和零状态响应，由过阻尼状态非振荡性的衰减过程，过渡到临界阻尼状态，最后过渡到欠阻尼状态衰减振荡过程，分别定性地描绘响应一个周期的波形。注意观察三种状态下，暂态过程随 G 的变化做何变化。

4）仔细观察 G 改变时波形的变化，找到临界阻尼状态，用万用表欧姆挡测量 GCL 二阶电路临界阻尼状态时可变电阻器的阻值并记录，与理论计算值（$G=2\sqrt{C/L}$）比较，分析误差原因。

注意：调节可变电阻器时，要缓慢、细心，临界阻尼状态更不易捕捉，需耐心测试。

2. GCL 并联电路欠阻尼状态下衰减系数与振荡频率的测定

1）仍然采用本节实验内容"1"的电路，调节可变电阻器的值 G，让 GCL 二阶电路工作在欠阻尼状态，使示波器显示屏上稳定呈现欠阻尼响应的一个周期波形。按照图 2.2.5 所示定量测定示波器显示屏上欠阻尼响应波形中的 T_d、U_1 和 U_2，用万用表欧姆挡测量出此时可变电阻器的阻值，按照式（2.2.5）和式（2.2.6）计算此时电路的衰减常数 α 和振荡频率 ω_d，将数据记录到表 2.2.1 中相应位置，并与用式（2.2.2）和式（2.2.3）计算的衰减常数 α 和振荡频率 ω_d 的理论值比较，分析误差原因。

2）按表 2.2.1 中给定值改变电路参数，重复 1）的测量，将数据记录到表 2.2.1 中相应位置。

改变电路参数时，注意观察 α 与 ω_d 的变化趋势。

表 2.2.1　二阶动态电路的响应测试

实验次数	可变电阻器 R/kΩ	给定值			实测值			实验计算值		理论计算值	
		R_1/Ω	L/mH	C/µF	U_1	U_2	T_d	α [式（2.2.5）]	ω_d [式（2.2.6）]	α [式（2.2.2）]	ω_d [式（2.2.3）]
1		10	4.7	0.001							
2				0.01							
3		30									
4		10	15								
5				0.1							

2.2.6　注意事项

1）示波器是常用实验仪器之一，认真阅读示波器使用说明，尽量熟练使用，正确输入被测信号。

2）要细心、缓慢地调节 GCL 并联电路中变阻器的 G 值，找准临界阻尼和欠阻尼状态。

3）本实验不确定性较大，须认真细心耐心操作，才有可能达到理想效果。

2.2.7　实验报告及问题讨论

1）回答本节预习内容中的思考题。

2）测算欠阻尼状态下衰减振荡曲线的 α 和 ω_d，与理论计算值进行比较，分析误差原因。

3）在实验中，若将 GCL 并联电路中的电导 G 调为零，即断开电导支路，是否会出现无阻尼振荡？为什么？当 GCL 并联电路处于过阻尼情况下，若再增加电导 G，对过渡过程有何影响？在欠阻尼情况下，若再减小电导 G，过渡过程又如何变化？

4）归纳、总结电路元件参数的改变，对二阶电路过阻尼、临界阻尼和欠阻尼的响应变化趋势的影响。

5）总结、归纳本次实验，写出心得体会，包括实验中遇到的问题、处理问题的方法和结果。

2.3　R、L、C 元件的阻抗频率特性

2.3.1　实验目的

1）验证电阻、感抗和容抗与频率的关系，测定 $R\text{-}f$、$X_L\text{-}f$ 与 $X_C\text{-}f$ 特性曲线。

2）加深理解阻抗元件端电压与电流间的相位关系。

2.3.2　预习内容

复习正弦交流电路中 R、L、C 元件的频率特性；预习实验内容，了解实验的基本方法和注意事项，熟悉函数信号发生器、示波器和毫伏表的使用方法；思考并回答以下问题。

1）测量 R、L、C 元件的阻抗角时，为什么要与它们串联一个小电阻？可否用其他元件代替？为什么？

2）在直流电路中，C 和 L 的作用分别是什么？

2.3.3　实验原理

1. R、L、C 元件的阻抗频率特性

在正弦交变信号作用下，R、L、C 元件在电路中的抗流作用与信号的频率有关，即在输入激励信号大小不变的情况下，改变频率，R、L、C 元件电压和电流均会发生变化。这种响应随激励频率变化的特性，称为频率特性。R、L、C 元件的阻抗频率特性曲线如图 2.3.1 所示，三种元件伏安关系的相量形式分别为：

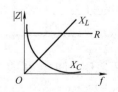

图 2.3.1　R、L、C 元件的阻抗频率特性曲线

1）纯电阻元件 R 的伏安关系为 $\dot{U}_R = R\dot{I}_R$，其复阻抗为 $Z = \dot{U}_R / \dot{I}_R = R$，阻抗（复阻抗

的模）为 $|Z| = U_R / I_R = R$。

上式说明电阻两端的电压 $\dot{U}$ 与流过它的电流 $\dot{i}$ 同相位，阻抗 R 与频率无关，其阻抗频率特性 R–f 是一条平行于 f 轴的直线，如图 2.3.1 中 R 对应的图线所示。

2）纯电感元件 L 的伏安关系为 $\dot{U}_L = jX_L\dot{I}_L$，其复阻抗为 $Z = \dot{U}_L / \dot{I}_L = jX_L$，阻抗（亦称感抗）为 $|Z| = U_L / I_L = X_L = 2\pi f L$。

上式说明电感两端的电压 $\dot{U}_L$ 超前于流过它的电流 $\dot{I}_L$ 一个 90° 的相位，感抗 X_L 随频率而变，其阻抗频率特性 X_L–f 是一条过原点的直线，如图 2.3.1 中 X_L 对应的图线所示。电感对低频电流呈现的感抗较小，而对高频电流呈现的感抗较大，对直流电 $f = 0$，则感抗 $X_L = 0$，相当于"短路"，说明电感元件具有"通低频阻高频"的作用。

3）纯电容元件 C 的伏安关系为 $\dot{U}_C = -jX_C\dot{I}_C$，其复阻抗为 $Z = \dot{U}_C / \dot{I}_C = -jX_C$，阻抗（亦称容抗）为 $|Z| = U_C / I_C = X_C = 1/(2\pi f C)$。

上式说明电容两端的电压 $\dot{U}_C$ 落后于流过它的电流 $\dot{I}_C$ 一个 90° 的相位，容抗 X_C 随频率而变，其阻抗频率特性 X_C–f 是一条反比曲线，如图 2.3.1 中 X_C 对应的图线所示。电容对高频电流呈现的容抗较小，而对低频电流呈现的容抗较大，对直流电 $f = 0$，则容抗 X_C 趋于 ∞，相当于"断路"，即所谓"隔直、通交"的作用。

依据以上分析，可以通过实验的方法，测量三种元件的端电压和流过它们的电流，计算获得其阻抗频率特性，测量电路如图 2.3.2 所示。图中 R、L、C 为被测元件，r 是一个标准小电阻，用于提供测量回路电流，称为电流取样电阻。改变信号源频率，分别测量每一元件两端的电压和电流，各元件对应频率下阻抗的测量值，可由被测元件的端电压除以

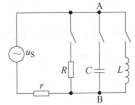

图 2.3.2　阻抗频率特性测量电路

流过元件的电流得到，即 $|Z| = U_{AB} / I$。被测元件的端电压可直接由交流电压表 / 交流毫伏表测得；流过被测元件的电流，则由电流取样电阻 r 的端电压 U_r 除以其阻值 r 计算得到，即 $I = U_r / r$。

2. 用示波器测量阻抗角

元件的阻抗角是元件端口电压和电流的相位差 φ，其值将随输入信号的频率变化而改变，将各个不同频率下的相位差画在以频率为横轴，阻抗角为纵轴的平面内，并用光滑曲线连接测试频率下的相位差点，即可得到阻抗角的频率特性曲线。阻抗角的频率特性可以用示波器来测量。

阻抗角（即元件端口电压和电流的相位差 φ）的测量方法如下：

1）将元件的端电压信号和电流取样电阻的端电压信号分别接到示波器 X 和 Y 两个输入端上，也就展示出被测元件两端的电压和流过该元件电流的波形。调节示波器有关控制旋钮，使显示屏上出现两个比例适当而稳定的波形，如图 2.3.3 所示，然后再进行相位差的测定。

2）按下示波器功能菜单区的 Cursor 按键，对所选波形（见图 2.3.3）的时间进行测量。从显示屏水平方向上数得一个周期所占的格数 n 或对应的时间 T，相位差所占的格数 m 或

对应的时间 Δt，则实际的相位差 φ（阻抗角）为

$$\varphi = m\frac{360°}{n} = \Delta t \frac{360°}{T} \qquad (2.3.1)$$

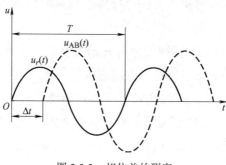

图 2.3.3　相位差的测定

3. 电路的阻抗频率特性

将元件 R、L、C 串联或并联相接，也可以用与测元件阻抗同样的方法测得 $Z_串$ 与 $Z_并$ 时的阻抗频率特性，根据电路电压、电流的相位差判断 $Z_串$ 或 $Z_并$ 是感性、容性还是阻性。

2.3.4　实验仪器及设备

序号	名称	型号与规格	数量
1	函数信号发生器		1 台
2	毫伏表		1 块
3	双踪示波器		1 台
4	被测器件电路板		1 块

2.3.5　实验内容

实验电路如图 2.3.2 所示，取 $R=1\text{k}\Omega$，$L=15\text{mH}$，$C=1\mu\text{F}$，$r=100\Omega$。

1. 测量 R、L、C 元件的阻抗频率特性

1）将函数信号发生器输出的正弦信号作为激励源接至实验电路的输入端，用交流毫伏表监测使激励电压的有效值为 $U_S=3\text{V}$，并保持不变。

2）调函数信号发生器的输出频率从 200Hz 逐渐增至 5kHz，并使开关分别单独接通 R、L、C 三个元件，用交流毫伏表分别测量 U_R、U_L、U_C 及相应的 U_r 值，将测量数据记录到表 2.3.1 中相应位置。

3）通过测量数据计算得到各频率点时的 R、X_L 与 X_C 值，将计算结果记录到表 2.3.1 中相应位置并与理论计算值比较。

表 2.3.1　R、L、C 元件的阻抗频率特性数据

元件	频率 f/ kHz	0.2	0.5	0.7	1	2	3	4	5
R	U_r/mV								
	I_R/mA $(I_R=U_r/r)$								
	U_R/V								
	R/kΩ $(R=U_R/I_R)$								
L	U_r/mV								
	I_L/mA $(I_L=U_r/r)$								
	U_L/V								
	X_L/kΩ $(X_L=U_L/I_L)$								
	X_L/kΩ $X_L=2\pi f L$								
C	U_r/mV								
	I_C/mA $(I_C=U_r/r)$								
	U_C/V								
	X_C/kΩ $(X_C=U_C/I_C)$								
	X_C/kΩ $X_C=1/(2\pi f C)$								

2. 测量 L、C 元件的阻抗角频率特性

调函数信号发生器的输出频率，从 0.1 ~ 20kHz，按照本节实验原理"2"所述方法，参照图 2.3.3，用示波器观察 L、C 元件在不同频率下阻抗角的变化情况，测量信号 U_{AB} 或 U_r 一个周期所占格数 n，U_{AB} 与 U_r（即所测元件电压与电流）的相位差所占格数 m，数据记录到表 2.3.2 中相应位置，按照式（2.3.1）计算阻抗角 φ 并记录到表 2.3.2 中相应位置。

表 2.3.2　L、C 元件的阻抗角频率特性数据

元件	f/kHz	0.1	0.6	1.1	1.6	2.1	2.6	3.1	5	7	10	13	16	20
L	n													
	m													
	φ/(°)													
C	n													
	m													
	φ/(°)													

　3. 测量 R、L、C 元件并联电路的阻抗频率特性

　将图 2.3.2 中三个开关同时接通，调信号源的输出频率从 200Hz 逐渐增至 5kHz，用交流毫伏表分别测量 U_{AB} 及 U_r 的值，并计算得到各频率点的 R、L、C 元件并联电路的阻抗值，将计算结果记录到表 2.3.3 中相应位置并与理论计算值比较。

表 2.3.3　R、L、C 元件并联电路的阻抗频率特性数据记录

电路	频率 f/kHz	0.2	0.5	0.7	1	2	3	4	5
RLC 并联	U_r/mV								
	I_r/mA ($I_r=U_r/r$)								
	U_{AB}/V								
	$\|Z\|$/kΩ ($\|Z\|=U_{AB}/I_r$)								
	$\|Z\|$/kΩ $\|Z\|=\|R//(j\omega L)//(1/(j\omega C))\|$								

　4. 测量 R、L、C 元件并联电路的阻抗角频率特性

　延用 "3" 的电路，调函数信号发生器的输出频率，从 0.1 ~ 20kHz，按照本节实验原理 "2" 所述方法，参照图 2.3.3，用示波器观察 R、L、C 元件并联电路在不同频率下阻抗角的变化情况，测量信号 U_{AB} 或 U_r 一个周期所占格数 n，U_{AB} 与 U_r 的相位差所占格数 m，将数据记录到表 2.3.4 中相应位置，按照式（2.3.1）计算阻抗角 φ 并记录到表 2.3.4 中相应位置。

表 2.3.4　R、L、C 元件并联电路的阻抗角频率特性数据记录

f/kHz	0.1	0.6	1.1	1.6	2.1	2.6	3.1	5	7	10	13	16	20
n													
m													
φ/(°)													

　测试完毕，关闭电源，拆除连线。

2.3.6　注意事项

　1）交流毫伏表属于高阻抗电表，测量前必须先用测笔短接两个测试端钮，使示数归零后再进行测量。

　2）测 φ 时，示波器的 "V/cm" 和 "t/cm" 的微调旋钮应旋至 "校准位置"。

2.3.7　实验报告及问题讨论

　1）回答本节预习内容中的思考题。

　2）根据实验数据，在坐标纸上分别绘制 R、L、C 三个元件的阻抗频率特性曲线，L、C 元件的阻抗角频率特性曲线，从中可得出什么结论？

3）根据实验数据，在坐标纸上分别绘制 R、L、C 三个元件并联电路的阻抗频率特性曲线和阻抗角频率特性曲线，并总结、归纳出结论。

4）总结、归纳本次实验，写出心得体会，包括实验中遇到的问题、处理问题的方法和结果。

2.4　RC 选频网络频率特性的研究

2.4.1　实验目的

1）熟悉 RC 选频网络的结构特点及其应用。

2）掌握动态电路频率特性的研究方法。

3）掌握使用交流毫伏表和示波器测定 RC 选频网络的幅频特性和相频特性的方法。

2.4.2　预习内容

复习教材上关于动态电路频率特性的内容，理解滤波器、RC 选频网络等有关幅频特性和相频特性的数学表达式；预习实验内容，了解实验的基本方法和注意事项，熟悉函数信号发生器、交流毫伏表和示波器的使用方法；思考并回答以下内容。

1）根据电路参数，估算两组电路参数下的固有频率 f_0。

2）推导 RC 串并联电路的幅频、相频特性的数学表达式。

2.4.3　实验原理

1.动态电路频率特性

在正弦稳态电路中，当激励（电源电压或电流）大小不变但频率变化时，电路中的感抗、容抗将跟随频率而变化，从而导致电路中响应（电压和电流）的大小和相位也将随之变化。交流电路中的这种响应随激励频率变化的特性称为电路的频率特性或频率响应。频率特性分为幅频特性和相频特性两个部分。动态电路频率特性研究的是典型动态电路在不同频率激励下的响应特性。当信号源的频率在一定范围内变动时，可以得到输出响应在各个频点的幅值和相位值，从而得到幅频和相频特性曲线。由电路分析理论可知，一个网络的电压转移 / 传递函数定义为

$$\dot{A}_u = \frac{\dot{U}_o(\mathrm{j}\omega)}{\dot{U}_i(\mathrm{j}\omega)} = A_u(\omega)\underline{/\varphi(\omega)}$$

式中，$A_u(\omega)$ 是幅频特性，是传递函数 $\dot{A}_u$ 的模（幅值）与角频率 ω 之间的关系，反映的是响应信号电压与激励信号电压幅度大小或强弱的比值关系，$A_u(\omega) = \dfrac{U_o(\mathrm{j}\omega)}{U_i(\mathrm{j}\omega)}$；$\varphi(\omega)$ 是相频特性，是输出电压与输入电压之间的相位差与角频率之间的关系，$\varphi(\omega) = \varphi_o(\omega) - \varphi_i(\omega)$。幅频特性和相频特性全面地反映了电路中响应与频率的关系。应用网络的频率特性可以构

成各种滤波器。

2. RC 选频网络

所谓选频，是将需要的某个频率的信号选出来。如图 2.4.1 所示电路为由 RC 串并联电路组成的选频网络，该网络和放大电路可组成文氏电桥。最初文氏电桥由德国物理学家 Max.Wien 于 1891 年发明，并被后人以发明者的姓名命名，此后 William Redington Hewlett 于 1939 年的硕士论文中进行了完善。文氏电桥是利用 RC 串并联实现的振荡电路，又称文氏电桥振荡电路。该电路结构简单，被广泛应用于低频振荡电路的选频环节，可获得高纯度的正弦波电压。文氏电桥在自控技术中，则利用 RC 串并联选频网络相位超前滞后的特点，构成超前滞后网络。

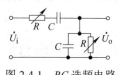

图 2.4.1　RC 选频电路

选频网络的传输函数为

$$\dot{A}(\mathrm{j}\omega) = \frac{\dot{U}_\mathrm{o}}{\dot{U}_\mathrm{i}} = \frac{R \mathbin{/\mkern-5mu/} \dfrac{1}{\mathrm{j}\omega C}}{R + \dfrac{1}{\mathrm{j}\omega C} + R \mathbin{/\mkern-5mu/} \dfrac{1}{\mathrm{j}\omega C}} = \frac{1}{3 + \mathrm{j}\left(\omega RC - \dfrac{1}{\omega RC}\right)}$$

电路参数 R 和 C 一定时，当 $\omega RC = 1/(\omega RC)$，即 $\omega = \omega_0 = 1/(RC)$ 时，$\dot{A}(\mathrm{j}\omega) = \dot{U}_\mathrm{o}/\dot{U}_\mathrm{i} = 1/3$，RC 串并联电路的输出电压 $\dot{U}_\mathrm{o}$ 与输入电压 $\dot{U}_\mathrm{i}$ 同相位，电路发生谐振，谐振频率为 $f_0 = 1/(2\pi RC)$，此时得到输出电压最大值 $\dot{U}_\mathrm{o} = \dot{U}_\mathrm{i}/3$，大小是输入电压的 1/3，这一特性称为 RC 串并联选频网络的选频特性。谐振频率 $\omega_0 = 1/(RC)$ 仅与电路参数 R 和 C 有关，又称作电路的固有频率。

RC 串并联选频网络从功能上来讲，是一个带通滤波器，它可以对复合频率电信号中的部分特定信号进行有选择性的传输和抑制。该电路的幅频特性和相频特性，如图 2.4.2 所示，当电路参数一定时，电路的固有频率 $\omega_0 = 1/(RC)$ 即为所选通频带的中心频率。随着输入信号频率的变化，输出电压幅度随之而变，当输入信号频率恰好等于电路的固有频率 ω_0 时，该网络输出电压的幅度达最大值，且与输入电压的相位相同。改变电路参数 R 或 C 时，可得到不同固有频率的传输电压比特性。

3. 选频网络的测试

用正弦信号作为图 2.4.1 所示选频网络的激励源时，其输出与输入为同频率的正弦波。在信号源幅值 U_i 保持不变的情况下，改变频率 f，用交流毫伏表或示波器测出各个频点下的输出电压 U_o 值，即得到选频网络的幅频特性；若将选频网络的输入和输出分别接到双踪示波器的 Y_A 和 Y_B 两个输入端，即可观测相应频点下的输入和输出波形间相位差 φ，如图 2.4.3 所示。在观测相位差时，分别读出两波形间的时延 τ 及信号的周期 T 所占格数 n 和 m，则两波形间的相位差（输出相位与输入相位之差）为

$$\varphi = \frac{\tau}{T} \times 360° = \frac{n}{m} \times 360° = \varphi_\mathrm{o} - \varphi_\mathrm{i} \tag{2.4.1}$$

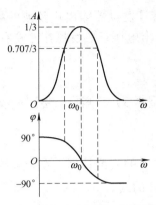

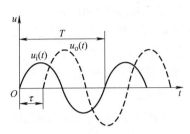

图 2.4.2　RC 选频电路幅频、相频特性曲线　　　　　图 2.4.3　RC 选频电路相位的观测

2.4.4　实验仪器及设备

序号	名称	型号与规格	数量
1	函数信号发生器		1 台
2	双踪示波器		1 台
3	交流毫伏表	1mV ～ 300V	1 块
4	RC 选频网络实验板		1 块

2.4.5　实验内容

1. 测量 RC 选频电路的幅频特性

1) 按图 2.4.1 连接电路（或直接使用实验板），选取一组参数 R=10kΩ，C=0.01μF，并计算该参数下 RC 选频电路的中心频率 f_0 的值。

2) 调节函数信号发生器的输出，使其输出电压有效值为 3V 的正弦波（用交流毫伏表监测），接入图 2.4.1 所示电路的输入端。

3) 用交流毫伏表监测函数信号发生器的输出，使其输出信号的有效值 U_i=3V 保持不变，改变其正弦波的频率 f，测量对应的输出电压 U_o，计算它们的比值 $A = U_o / U_i$，将测量数据和计算结果记录到表 2.4.1 中相应位置。

表 2.4.1　RC 选频电路频率特性数据（R=10kΩ，C=0.01μF）

测量值	f/Hz								
	U_o/V								
	T/ms								
	τ/ms								
计算值	A								
	φ								

为尽快找到谐振点，可先测量 $A=1/3$ ，即函数信号发生器输出正弦波的频率为 RC 选频电路固有频率 f_0 [其值由 1 ）算得] 时，对应的输出电压；然后再在 f_0 左右设置其他频率点测量输出电压。

4）测量完毕，关闭电源。

5）选取另一组参数（如令 $R=300\Omega$ ， $C=0.1\mu F$ ），重复 3 ）的测量，将测量数据和计算结果记录到表 2.4.2 中相应位置。

6）测量完毕，关闭电源。

7）根据电路在两组不同参数下输出电压 U_0 与 f 对应的实测数据，在坐标纸上以 f 为横轴， U_0 为纵轴，逐点描绘出两组电路参数下幅频特性曲线。

2. 测定 RC 选频电路的相频特性

参考实验原理中有关测量相频特性的方法，对两组电路参数下的 RC 选频电路进行相频特性测试。

1）采用本节实验内容 "1" 的电路及参数，改变函数信号发生器输出正弦波的频率，用示波器观测信号周期 T 和输出电压对输入电压的时延 τ 所对应的格数，将观测数据记录到表 2.4.1 和表 2.4.2 中合适位置。

2）测试完毕，关闭电源，拆除连线。

3）按式（2.4.1）计算相位差 φ ，将计算结果记录到表 2.4.1 和表 2.4.2 中合适位置。

4）根据两组电路参数下相位差 φ 与 f 对应的实测数据，在坐标纸上以 f 为横轴， φ 为纵轴，逐点描绘出两组电路参数下相频特性曲线。

表 2.4.2 RC 选频电路频率特性数据（ $R=300\Omega$ ， $C=0.1\mu F$ ）

测量值	f/Hz								
	U_0/V								
	T/ms								
	τ/ms								
计算值	A								
	φ								

2.4.6 注意事项

1）由于函数信号发生器内阻的影响，在调节输出频率时，会使电路外阻抗发生改变，从而引起函数信号发生器输出电压、电流发生变化，所以每次调频后，应重新调节输出幅度，使 RC 选频电路的输入电压有效值保持不变。

2）为消除电路内外干扰，要求毫伏表与函数信号发生器 "共地"。

2.4.7 实验报告及问题讨论

1）回答本节预习内容中的思考题。

2）依据测试数据，绘制幅频特性和相频特性曲线，找出输出电压最大值对应的频率，

并与理论计算值 $f_0 =1/(2\pi RC)$ 或 $\omega_0=1/(RC)$ 比较。

3）什么是文氏电桥电路的选频特性？取 $f = f_0$ 时的数据，验证是否满足 $U_o=U_i/3$，$\varphi=0$。

4）改变电路的哪些参数可以使电路发生谐振？在电路中 R 有什么作用，它的数值是否影响谐振频率？

5）总结分析本次实验的收获与体会，包括实验中遇到的问题、处理问题的方法和结果。

2.5 RLC 串联谐振电路的研究

2.5.1 实验目的

1）研究谐振电路的特点，掌握电路品质因数 Q 的物理意义及测量方法。
2）学习用示波器测试 RLC 串联电路的幅频特性曲线，观测串联谐振现象。

2.5.2 预习内容

复习教材中关于串联谐振的内容，了解 RLC 串联电路谐振的特点、谐振条件、谐振频率、截止频率、通频带和电路品质因数等概念及其意义；预习实验内容，了解实验的基本方法和注意事项，熟悉函数信号发生器、示波器和毫伏表的使用方法；思考并回答以下内容。

1）根据本节实验内容给出的元件参数值，估算 RLC 串联电路的谐振频率。

2）改变 RLC 串联电路的哪些参数可以使电路发生谐振，如何判别电路是否发生谐振？

3）RLC 串联电路发生串联谐振时，为什么输入电压不能太大？如果信号源给出 1V 的电压，电路谐振时，用交流毫伏表测 U_L 和 U_C，应该选择用多大的量程？

4）在 RLC 串联电路中 R 有什么作用？

5）影响 RLC 串联电路品质因数的参数有哪些？要提高电路品质因数，电路参数应如何改变？

2.5.3 实验原理

含 R、L、C 元件的无源二端网络，在正弦交变信号作用下，端口电压与电流一般不同相，其端口可能呈现容性、感性或阻性。适当调节电路参数或电源频率，可以出现端口的等效复阻抗（$Z = R + jX$）的电抗分量为零，即 $X=0$，此时无源二端网络呈阻性（$Z = R$），端口电流最大且与端口电压同相，这是动态电路中的一种特殊现象，被称为动态电路的谐振。按发生谐振的电路不同，谐振现象分为串联谐振和并联谐振等。

RLC 串联谐振电路是一种简单、易调和频响性能优良的谐振电路，下面讨论 RLC 串联谐振。

1. RLC 串联电路

在如图 2.5.1 所示的 RLC 串联电路中，电源为可变频正弦电压源，其电压有效值为 U_i、角频率为 ω，该电路的复阻抗为

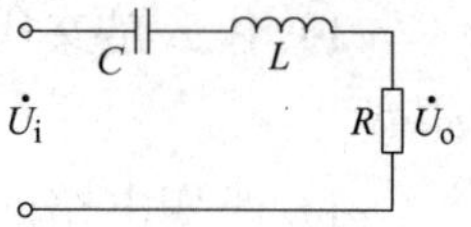

$$Z(\omega) = R + j\left(\omega L - \frac{1}{\omega C}\right) = R + j(X_L - X_C) = |Z(\omega)| \underline{/\varphi_Z(\omega)}$$

图 2.5.1 RLC 串联电路

式中，信号源频率 $f = \omega / (2\pi)$；X_L 为感抗，$X_L = \omega L$；X_C 为容抗，$X_C = 1/(\omega C)$。其阻抗模和阻抗角分别为

$$|Z(\omega)| = \sqrt{R^2 + (X_L - X_C)^2}$$
$$\varphi_Z(\omega) = \arctan \frac{X_L - X_C}{R} \tag{2.5.1}$$

当正弦交流信号源的频率 f 改变时，电路中的感抗 X_L、容抗 X_C 和电路中的电流 $\dot{I}$ 均随 f 而变。

$$\dot{I} = \frac{\dot{U}_i}{Z(\omega)} = \frac{U_i}{|Z(\omega)|} \underline{/[\varphi_i - \varphi_Z(\omega)]} \tag{2.5.2}$$

式中，φ_i 为正弦交流信号源电压的相位。

由谐振的定义可知，当感抗和容抗相等（即 $X_L = X_C$）时，电路的阻抗角 $\varphi_Z = 0$，电路呈阻性，此时阻抗模 $|Z| = R$ 为最小，电路的电流与电源电压同相且幅值为最大值 $I_{max} = \sqrt{2} U_i / R$，电路发生谐振。电流最大值又称谐振峰，它是 RLC 串联电路发生谐振的突出标志，据此可以判断电路是否发生了谐振。当电源电压的幅值不变时，谐振峰仅与电阻 R 有关，所以，电阻 R 是唯一能控制和调节谐振峰的电路元件。发生谐振时的频率 f_0 称为谐振频率或电路的固有频率，此时的角频率 ω_0 即为谐振角频率。因为是在串联电路中发生的，故称为串联谐振。所以，发生串联谐振的条件为

$$X_L = X_C \text{ 或 } \omega L = 1/(\omega C)$$

根据谐振条件，可得谐振频率和谐振角频率分别为

$$f_0 = \frac{1}{2\pi\sqrt{LC}} \text{ 和 } \omega_0 = 2\pi f_0 = \frac{1}{\sqrt{LC}} \tag{2.5.3}$$

由式（2.5.3）可知，RLC 串联电路的谐振频率只有一个，且仅与电路中的 L 和 C 有关，与电阻 R 无关。如果电路中电感 L、电容 C 可调，可以通过改变电路参数 L 或 C，改变电路的谐振频率，使得电路发生谐振；当电路参数 L 和 C 一定时，可以通过改变电源频率，使电路发生谐振。

2. 串联谐振时的特征

设 X_{C0} 和 X_{L0} 分别为电路谐振时的容抗和感抗，U_{C0} 和 U_{L0} 分别为电路谐振时电容 C 和电感 L 上电压的有效值。

1）由于串联谐振时电抗为零，电路的等效阻抗最小，且是纯阻性，电路呈阻性。

2）由于串联谐振时感抗与容抗相等，即 $X_{L0} = X_{C0}$，所以 $U_{L0} = U_{C0}$，且相位相反，二者相互抵消，因此电阻上的电压即为电源电压，即 $U_R = U_i$，根据这一特征串联谐振又称电压谐振。

3）谐振电流与输入电压同相位，数值上谐振电流幅值 $I_{max} = \sqrt{2}U_i / R$ 为最大。

4）电感和电容以两倍于谐振频率的频率进行磁场能量和电场能量的周期性转换，自成独立系统，不与电源交换能量，即电感吸收的无功功率和电容发出的无功功率完全补偿，此时电源只发出有功功率供电阻消耗。

5）一般情况下 $X_{L0} = X_{C0} \gg R$，则有 $U_{L0} = X_{L0}I_{max} / \sqrt{2} = U_{C0} = X_{C0}I_{max} / \sqrt{2} \gg U_R = RI_{max} / \sqrt{2} = U_i$，即谐振时电感和电容上的电压远远大于电源电压，该现象被称为过电压现象。在高电压的电路系统（如电力系统）中，为防止电气设备损坏，应采取必要的防范措施避免发生这种谐振引起的过电压；而在低电压的电路系统（如无线电接收系统）中，却要利用这种谐振获得比输入高很多的电压信号。

3. 谐振电路的品质因数

在无线电技术中，为了说明谐振电路的性能，定义了谐振电路的品质因数，用符号 Q 表示。Q 是一个无量纲的参数，工程上称为 Q 值。引入品质因数后，电路发生串联谐振时，电感和电容两端电压可表达为 $U_{L0} = U_{C0} = QU_i$，等于电源电压的 Q 倍。在输入电压一定的情况下，Q 值越高，则 U_{L0}、U_{C0} 越高，低电压的无线电接收系统可利用谐振时出现的过电压来获得较大的信号。实用谐振电路的 Q 值往往在 $50 \sim 200$ 之间；高质量（即品质好）的谐振电路的 Q 值可能超过 200，Q 值称为品质因数即来源于此。

Q 值可通过测量谐振时电容 C 或电感 L 上的电压及输入电压求得，即

$$Q = \frac{U_{C0}}{U_i} = \frac{U_{L0}}{U_i} \tag{2.5.4}$$

在如图 2.5.1 所示的串联谐振电路中，根据元件的伏安特性关系可进一步得出 Q 值的不同求解公式，即

$$Q = \frac{1}{\omega_0 CR} = \frac{\omega_0 L}{R} = \frac{X_{C0}}{R} = \frac{X_{L0}}{R} = \frac{1}{R}\sqrt{\frac{L}{C}}$$

由以上公式可以看出，Q 值不仅综合反映电路中 R、L、C 三个参数对谐振状态的影响，而且也是分析和比较谐振电路频率特性的一个重要辅助参数。在 L 和 C 一定时，Q 值仅由电阻 R 的值确定。

4. 电流的频率特性

在如图 2.5.1 所示的 RLC 串联电路中，当电源电压有效值 U_i 一定时，电流的幅频特性由式（2.5.1）和式（2.5.2）可得

$$I(\omega) = \frac{U_i}{|Z(\omega)|} = \frac{U_i}{\sqrt{R^2 + (X_L - X_C)^2}} = \frac{U_i}{\sqrt{R^2 + \left(\omega L - \dfrac{1}{\omega C}\right)^2}} \tag{2.5.5}$$

据式（2.5.5）可以做出电流的幅频特性曲线，该曲线也称为谐振曲线。实验中可以通过取电阻 R 上的电压 U_o 作为响应，当输入电压有效值 U_i 维持不变时，在不同信号频率的激励下，测出 U_o 之值，然后以 f 为横坐标，以电流 I（$I = U_o / R$）为纵坐标，绘出光滑的曲线，即为电流谐振曲线。

图 2.5.2 给出了两条不同 Q 值的谐振曲线，其中 Q 值较大的曲线较 Q 值小的曲线更尖锐。图 2.5.2a 中两条谐振曲线具有相同的谐振频率，是由 R 不同使得 Q 值不同；当 RLC 串联电路中 L 和 C 改变时，会得到如图 2.5.2b 所示的两条具有不同谐振频率和不同 Q 值的谐振曲线。

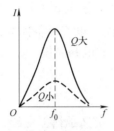 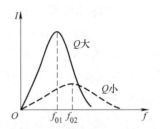

a) 具有相同谐振频率电路　　　b) 具有不同谐振频率电路

图 2.5.2　不同 Q 值的谐振曲线

谐振曲线的电流由最大值 I_{max} 下降到 $1/\sqrt{2} \approx 0.707$ 倍最大值即 $0.707 I_{max}$，所对应的频率范围称为通频带，如图 2.5.3 所示，通频带 $\mathrm{BW} = f_H - f_L$。对照图 2.5.2 可知，对于品质因数 Q 值越大的电路，谐振曲线越尖锐，通频带越窄，电路的选择性越好，反之，Q 值越小，通频带越宽，选择性越差，但宽带包含的信号越多，有利于减少信号的失真，这两种情况都有工程实用价值。从另一角度讲，Q 值的大小反映了中心频率 f_0 与通频带宽度 BW 的比值的大小，即

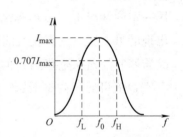

图 2.5.3　谐振曲线的通频带

$$Q = f_0 / \mathrm{BW} = f_0 / (f_H - f_L) \tag{2.5.6}$$

式（2.5.6）表明通频带与品质因数成反比，它也可以作为得到电路 Q 值的测量方法。即通过测量法绘出谐振曲线，由谐振曲线上测得中心频率 f_0 与通频带宽度 BW，代入式（2.5.6）计算品质因数 Q 值。

2.5.4　实验仪器及设备

序号	名称	型号与规格	数量
1	函数信号发生器		1 台
2	交流毫伏表		1 块
3	双踪示波器		1 台
4	谐振电路实验电路板	$R=330\Omega$、$1\mathrm{k}\Omega$，$C=0.01\mu\mathrm{F}$，$L=25\mathrm{mH}$	1 块

2.5.5 实验内容

按图 2.5.4 组成测量电路（或直接使用实验电路板），其中 $R = 330\Omega$， $L = 25\text{mH}$， $C = 0.01\mu\text{F}$，用交流毫伏表监测信号源输出电压，使 $U_i = 1\text{V}$，并保持不变。

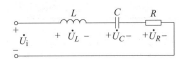

图 2.5.4 RLC 串联实验电路

1. 寻找谐振点观察谐振现象

RLC 串联电路谐振时应满足三个条件：①维持 $U_i = 1\text{V}$ 不变；②电路中的电流 I（或 U_R）为最大；③ U_L 应略大于 U_C（线圈中包含导线电阻 r）。

1）先根据式（2.5.3）估算出谐振频率 f_0'，令函数信号发生器输出的正弦信号的频率在谐振频率 f_0' 以左由小逐渐变大（注意要维持函数信号发生器输出的正弦信号的幅度保持不变），并将交流毫伏表接在 R 两端监测其电压 U_R。

2）当 U_R 的读数为最大时，对应的函数信号发生器输出的正弦信号的频率值即为实际的谐振频率 f_0，测出谐振时电阻、电容和电感两端的电压值 U_{R0}、 U_{C0} 和 U_{L0}（注意及时更换交流毫伏表的量程），将测量数据记录到表 2.5.1 中相应位置。

3）利用 $I_{\max} = \sqrt{2}U_i / R$ 和式（2.5.4）计算电流谐振峰峰值 $I_{\max}$ 和电路的品质因数 Q。

4）更改电阻的值为 $1\text{k}\Omega$，重复 1）～ 3）的测量与计算。

5）测试完毕，关闭电源。

表 2.5.1 谐振点测试数据

R/Ω	f_0'/Hz	f_0/Hz	U_{R0}/V	U_{C0}/V	U_{L0}/V	$I_{\max}/\text{mA}$	Q
330							
1k							

2. 测绘谐振曲线

1）取 $R=330\Omega$，在谐振点 f_0 两侧，按频率递增或递减依次取 9 个测量点（f_0 附近多取几点），逐点测出 U_R 值，将数据记录到表 2.5.2 中，计算出相应的电流值。

表 2.5.2 谐振曲线的测量数据（$U_i = 1\text{V}, R=330\Omega$）

f/kHz									
U_R/V									
I/mA ($I = U_R/R$)									

2）改变电阻值，取 $R=1\text{k}\Omega$，重复上述测量内容，将数据记录到表 2.5.3 中。

表 2.5.3　谐振曲线的测量数据（$U_i = 1V$, R=1kΩ）

f/kHz								
U_R / V								
I/mA ($I = U_R / R$)								

3）测试完毕，关闭电源，拆除连线。

4）根据表 2.5.2 和表 2.5.3 的数据，进行逐点描绘做出电路响应电流的谐振曲线，并在该曲线上测量通频带宽度 BW，再用式（2.5.5）计算电路的 Q 值。

注意：每次改变函数信号发生器输出正弦信号的频率时，应用交流毫伏表监测正弦信号输出电压保持为 $U_i = 1V$。

2.5.6　注意事项

1）实验前应根据所选元件数值，从理论上计算出谐振频率 f_0'，以便测量及与测量值比较，测试频率点的选择应在靠近 f_0' 附近多取几点。

2）每次改变频率后，注意调整信号输出电压大小（用交流毫伏表监测输出幅度），使其有效值维持 1V 输出不变。

3）在测量 U_C 和 U_L 数值前，应将交流毫伏表的量程改大，而且在测量 U_C 和 U_L 时毫伏表的"+"端接 L 与 C 的公共点，其接地端分别触及 L 和 C 的非公共点。

2.5.7　实验报告及问题讨论

1）回答本节预习内容中的思考题。

2）根据测量数据，在同一坐标中绘出不同 Q 值时的电流谐振曲线；计算出通频带 BW 与品质因数 Q 的值，说明不同的 R 值对电路通频带 BW 与品质因数 Q 的影响。

3）对利用式（2.5.4）和式（2.5.6）两种方法计算 Q 值的结果进行比较，分析误差原因。

4）当 RLC 串联电路发生谐振时，比较输出电压 U_R 与输入电压 U_i 的测量数据是否相等？U_{L0} 和 U_{C0} 的测量数据是否相等？试分析原因。

5）总结、归纳串联谐振电路的特性及本次实验的收获与体会，包括实验中遇到的问题、处理问题的方法和结果。

2.6　互感电路观测

2.6.1　实验目的

1）深刻理解互感的概念，了解互感现象及耦合系数的意义。

2）学会互感电路同名端、互感系数 M 以及耦合系数 K 的测定方法。

3）理解两个线圈相对位置的改变，以及用不同材料作线圈芯时对互感的影响。

2.6.2　预习内容

复习教材中互感电路部分内容，了解自感、互感、同名端、互感系数以及耦合系数的基本概念；预习实验内容，熟悉影响互感系数和耦合系数的因素，了解实验的基本方法和注意事项；思考并回答以下问题。

1）按照图 2.6.2 所示电路用直流法判断线圈同名端，开关接通和断开时 L_2 侧毫安表的偏转方向（或示数正负）是否相同，判断同名端结论是否一致，为什么？

2）不同材料作线圈芯时对互感有什么影响？分别加以说明。

2.6.3　实验原理

1. 互感现象

互感现象在电工电子技术中有着广泛的应用，变压器就是互感现象应用的重要例子。另外，由于互感的存在，电子电路中许多感性元件之间不希望有互感场干扰，这种干扰影响电路中信号的传输质量。因此，需要合理布置线圈相互位置或增加屏蔽减少互感作用。

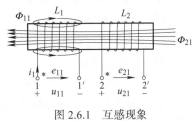

图 2.6.1　互感现象

载流线圈之间通过彼此的磁场相互联系的物理现象，称为磁耦合。两个有磁耦合的线圈 L_1 和线圈 L_2（简称耦合电感）称为互感线圈。如图 2.6.1 所示，设线圈 L_1 的 1 端流入电流 i_1，线圈 L_1 中产生的磁通为 Φ_{11}，其中一部分磁通穿过临近线圈 L_2，产生的磁通为 Φ_{21}，$\Phi_{11} \geqslant \Phi_{21}$，这种现象称为互感现象。电流 i_1 称为施感电流，Φ_{11} 称为线圈 L_1 的自感磁通，Φ_{21} 称为耦合磁通或互感磁通。如果线圈 L_1 的匝数为 N_1，并假设自感磁通 Φ_{11} 与线圈 L_1 的每一匝都交链，则自感磁链为 $\Psi_{11}=N_1\Phi_{11}$；若线圈 L_2 的匝数为 N_2，并假设互感磁通 Φ_{21} 与线圈 L_2 的每一匝都交链，则互感磁链为 $\Psi_{21} = N_2\Phi_{21}$。当周围空间是各向同性的线性磁介质时，磁通链与产生它的施感电流成正比，即自感磁通链 $\Psi_{11}=N_1\Phi_{11}=L_1 i_1$，$L_1$ 为线圈 L_1 的自感系数，互感磁通链 $\Psi_{21} = N_2\Phi_{21} = M_{21}i_1$，$M_{21}$ 称互感系数。当 i_1 变化时，在线圈 L_1 的 1、1′ 端产生自感电动势 e_{11}，从而 1 和 1′ 间存在电压 $u_{11} = L_1\dfrac{\mathrm{d}i_1}{\mathrm{d}t}$，如图 2.6.1 所示；在线圈 L_2 的 2、2′ 端产生互感电动势 e_{21}，从而 2 和 2′ 间存在电压 $u_{21} = M_{21}\dfrac{\mathrm{d}i_1}{\mathrm{d}t}$。同理，在线圈 2 中流过电流 i_2 时，在线圈 L_2 中也会产生自感磁通 Φ_{22}，线圈 L_1 中也会产生互感磁通 Φ_{12}，且 $\Phi_{22} \geqslant \Phi_{12}$。假设自感磁通 Φ_{22} 与线圈 L_2 的每一匝都交链，则自感磁链为 $\Psi_{22}=N_2\Phi_{22}=L_2 i_2$，$L_2$ 为线圈 L_2 的自感系数；并假设互感磁通 Φ_{12} 与线圈 L_1 的每一匝都交链，则互感磁链为 $\Psi_{12} = N_1\Phi_{12} = M_{12}i_2$，$M_{12}$ 称互感系数。对线性电感而言，互感系数 M_{12} 和 M_{21} 相等，记为 M。当 i_2 变化时，在线圈 L_2 的 2、2′ 端产生自感电动势 e_{22}，从而使 2 和 2′ 间存在电压 $u_{22} = L_2\dfrac{\mathrm{d}i_2}{\mathrm{d}t}$，在线圈 L_1

的 1、1′ 端也会产生互感电动势 e_{12}，从而使 1 和 1′ 间存在电压 $u_{12} = M_{12} \dfrac{\mathrm{d}i_2}{\mathrm{d}t}$。

在两个线圈之间有耦合的情况下，当两个线圈同时通以电流时，每个线圈两端的电压均包含两部分：一部分为本身电流产生的自感电压，另一部分是耦合线圈中的电流产生的互感电压。为了正确判断互感电动势的方向，必须首先判断两个具有互感耦合线圈的同名端。

2. 判断互感线圈同名端的方法

一对互感线圈中，当两个施感电流分别从两个线圈的对应端子同时流入或流出，若所产生的磁通相互加强（磁通方向相同）时，则这两个对应端子称为两互感线圈的同名端，以 "*" "·" 或 "Δ" 等符号表示，如图 2.6.1 中就以 "*" 表示两互感线圈的同名端。判断两个互感线圈的同名端在理论分析和实际工程中都具有重要的意义。如电动机、电话机或变压器各线圈的首末端，LC 振荡电路中的振荡线圈等，都是根据同名端进行连接的。

在知道线圈绕向的情况下，可以直接通过线圈缠绕方向一致与否进行判断，即缠绕方向一致时相应端为同名端，反之为异名端，如图 2.6.1 中线圈 L_1 与线圈 L_2 缠绕方向一致，线圈 L_1 的 1 端与线圈 L_2 的相应端 2 端为同名端，线圈 L_1 的 1 端与线圈 L_2 的 2′ 端为异名端；还可以通过磁通方向判别同名端，即电流分别从两线圈某端同时流入时（如图 2.6.1 中线圈 L_1 的 1 端与线圈 L_2 的 2 端），若产生的磁通方向一致，磁通相助，则为同名端；也可以利用楞次定律来判断，即在同一变化磁通的作用下，感应电动势极性相同端为同名端。实际中对于具有耦合关系的线圈，若其绕向和相互位置无法判别时，可以根据同名端的定义用实验方法加以确定。

因为当随时间增长的时变电流从具有耦合关系的线圈中的一个线圈的一端流入时，将会引起另一线圈相应同名端的电位升高，可以利用这一特性，用直流法和交流法来判断互感线圈同名端，具体如下：

（1）直流判别法

直流判别法是根据两个互感线圈的感应电流（感应电动势）的实际方向总是阻碍原电流（原磁通）的变化这一原理来判定的。

如图 2.6.2 所示，线圈 L_1 通过限流可变电阻与直流电源 E（E 取几伏电压即可，如用 1.5V 的干电池）和开关 S 相连，在线圈 L_2 回路中接一直流毫安表（或电压表），当开关 S 闭合瞬间，根据互感原理，线圈 L_1 回路中的电流通过互感耦合将在线圈 L_2 中产生一互感电动势，并在

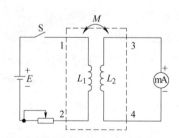

图 2.6.2　直流法判断互感线圈同名端

线圈 L_2 回路中产生一电流，使所接模拟毫安表发生偏转（或数字毫安表显示示数）。若模拟毫安表的指针正偏（或数字毫安表显示正值），则 E 正极与毫安表头正极所连接一端是同名端，即图 2.6.2 中 1、3 为同名端；若指针反偏（或显示负数），则 1、4 为同名端。也可以观察开关 S 断开瞬间模拟毫安表偏转（或数字毫安表显示示数）加以判断，若指针反偏（或显示负数），则图 2.6.2 中 1、3 为同名端；若指针正偏（或显示正数），则 1、4 为同名端。

（2）等效阻抗判别法

将两个耦合线圈 L_1 和 L_2 分别做两种不同的串联连接，例如图 2.6.2 中 L_1 的 2 与 L_2 的 3 相连和 L_1 的 2 与 L_2 的 4 相连两种串联连接，测量两种不同串联连接的等效阻抗，等效阻抗较大的一种连接为顺向串联，相连的两端为异名端；等效阻抗较小的一种连接为反向串联，相连的两端为同名端。实际操作时，当两线圈用正反两种方法串联后，加以同样电压，电流数值小的一种接法是顺向串联，相连的两个端点为异名端；电流数值大的一种接法是反向串联，相连的两端点为同名端。

（3）交流判别法

互感电路同名端也可利用交流法来测定，如图 2.6.3 所示，将两个线圈 L_1 和 L_2 的任意两端（如 2、4 端）连在一起，在其中的一个线圈（如 L_1）两端加一个低压交流电压（为测量安全起见，U_1 的取值应远低于 L_1 的额定电压），另一线圈（如 L_2）开路，用交流电压表分别测出端电压 U_{13}、U_{12} 和 U_{34}。若 U_{13} 的大小是两个绕组端压之差，即 $|U_{13}| = |U_{12} - U_{34}|$，表明 L_1 和 L_2 为反向串联，则图 2.6.3 中 1、3 是同名端；若 U_{13} 是两绕组端压之和，即 $U_{13} = U_{12} + U_{34}$，表明 L_1 和 L_2 为顺向串联，则 1、4 是同名端。

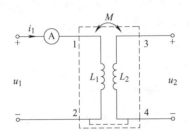

图 2.6.3 交流法判断互感线圈同名端

一般情况下，大容量的电感线圈采用交流法判别同名端，小容量的电感线圈采用直流法判别同名端。

3. 两线圈互感系数 M 的测定

互感系数简称互感，其大小只与相邻两线圈的几何尺寸、线圈的匝数、相互位置及线圈所处位置媒质的磁导率有关，与线圈中的电流无关。改变或调整互感线圈的相对位置有可能改变互感的大小。互感系数反映了两相邻线圈之间相互感应的强弱程度。

（1）互感电动势法

互感电动势法是最简单的互感系数的测定方法。如图 2.6.3 所示（将 2、4 端断开），在 L_1 侧施加低压交流电压，L_2 侧开路。测出 L_1 侧电流与电压的有效值 I_1、U_1 及 L_2 侧电压有效值 U_2，根据互感电动势 $E_{21} \approx U_2 = \omega M I_1$，可算得互感系数为 $M = \dfrac{U_2}{\omega I_1}$。

同理，如果将图 2.6.3 中的 L_1 与 L_2 互换，即在 L_2 侧施加低压交流电压，L_1 侧开路，测出此时 L_2 侧电流与电压的有效值 I_2、U_2 及 L_1 侧电压有效值 U_1，根据互感电动势 $E_{12} \approx U_1 = \omega M I_2$，可算得互感系数为 $M = \dfrac{U_1}{\omega I_2}$。

（2）等效电感法

互感电路的互感系数 M 也可以通过两个具有互感耦合的线圈，加以顺向串联和反向串联，通以正弦电流而测出。如图 2.6.4 所示，设两个线圈的自感分别为 L_1 和 L_2，阻值分别为 r_1 和 r_2（阻值 r_1、r_2 可用万用表测出），互感为 M。

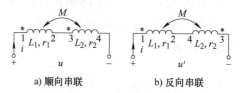

a) 顺向串联   b) 反向串联

图 2.6.4　等效电感法测互感系数

当两线圈顺接时，施加交流电压 u，则顺向串联的互感线圈电压向量方程为 $\dot{U} = \dot{I}[(r_1 + r_2) + j\omega(L_1 + L_2 + 2M)]$，其等效电感为 $L_{顺} = L_1 + L_2 + 2M$，等效阻抗的模为

$$|Z_{顺}| = \frac{U}{I} = \sqrt{(r_1 + r_2)^2 + (\omega L_{顺})^2} \tag{2.6.1}$$

式中，U 和 I 为顺向串联互感线圈电压和电流的有效值，可由交流电压表和交流电流表分别测得；ω 为正弦交流电的角频率。则由以上关系可推导出顺向串联互感线圈的等效电感为

$$L_{顺} = \frac{\sqrt{|Z_{顺}|^2 - (r_1 + r_2)^2}}{\omega} \tag{2.6.2}$$

当两线圈反接时，施加交流电压 u'，则有 $\dot{U}' = \dot{I}'[(r_1 + r_2) + j\omega(L_1 + L_2 - 2M)]$，等效电感为 $L_{反} = L_1 + L_2 - 2M$，等效阻抗的模为

$$|Z_{反}| = \frac{U'}{I'} = \sqrt{(r_1 + r_2)^2 + (\omega L_{反})^2} \tag{2.6.3}$$

式中，U' 和 I' 为反向串联互感线圈电压和电流的有效值，可由交流电压表和交流电流表分别测得。则由以上关系可推导出反向串联互感线圈的等效电感为

$$L_{反} = \frac{\sqrt{|Z_{反}|^2 - (r_1 + r_2)^2}}{\omega} \tag{2.6.4}$$

由 $L_{顺} = L_1 + L_2 + 2M$ 和 $L_{反} = L_1 + L_2 - 2M$ 可得互感系数为

$$M = \frac{L_{顺} - L_{反}}{4} \tag{2.6.5}$$

式中，$L_{顺}$ 和 $L_{反}$ 分别由式（2.6.2）和式（2.6.4）求得，而其中用到的 $|Z_{顺}|$ 和 $|Z_{反}|$ 分别由顺向串联和反向串联线圈电压与电流有效值的比求得 [见式（2.6.1）和式（2.6.3）]。

4. 耦合系数 k 的测定

工程上为了定量地描述两个耦合线圈耦合松紧的程度，定义了耦合系数 k，其定义式

为 $k \stackrel{\text{def}}{=} \sqrt{\dfrac{|\Psi_{12}|}{\Psi_{11}} \dfrac{|\Psi_{21}|}{\Psi_{22}}}$。因为 $\Psi_{11}=L_1 i_1$，$\Psi_{21}=M_{21} i_1$，$\Psi_{22}=L_2 i_2$，$\Psi_{12}=M_{12} i_2$，所以耦合系数为

$$k \stackrel{\text{def}}{=} \sqrt{\frac{M i_2}{L_1 i_1} \frac{M i_1}{L_2 i_2}} = \frac{M}{\sqrt{L_1 L_2}} \tag{2.6.6}$$

通常，互感磁链小于自感磁链，即 $M \leqslant \sqrt{L_1 L_2}$，所以 $0 \leqslant k \leqslant 1$。$k > 0.5$ 称为强耦合或紧耦合；$k < 0.5$ 称为弱耦合或松耦合；$k=1$ 时，称之为全耦合，此时 $\Phi_{11}=\Phi_{21}$，$\Phi_{22}=\Phi_{12}$，即每一线圈产生的磁通全部与另一线圈相交链。

k 的大小与两个线圈的结构、相互位置以及周围磁介质有关。改变或调整它们的相互位置有可能改变耦合系数的大小。

用实验的方法测定耦合系数，如图 2.6.3 所示（将 2、4 端断开），先在 L_1 侧施加低压交流电压 u_1（其有效值为 U_1），测出 L_2 侧开路时 L_1 侧的电流有效值 I_1；然后再在 L_2 侧施加低压交流电压 u_2（其有效值为 U_2），测出 L_1 侧开路时 L_2 侧的电流有效值 I_2。根据测量数据先求出各侧等效阻抗

$$|Z_1| = \frac{U_1}{I_1}，\quad |Z_2| = \frac{U_2}{I_2} \tag{2.6.7}$$

然后由各侧等效阻抗求出各线圈的自感

$$L_1 = \frac{\sqrt{|Z_1|^2 - r_1^2}}{\omega}，\quad L_2 = \frac{\sqrt{|Z_2|^2 - r_2^2}}{\omega} \tag{2.6.8}$$

式中，r_1 和 r_2 为线圈的阻值，可由万用表测出；ω 为正弦交流电的角频率。再用本节实验原理中"3. 两线圈互感系数 M 的测定"的方法测得两线圈互感系数 M，即可算得耦合系数的值 $k = \dfrac{M}{\sqrt{L_1 L_2}}$。

2.6.4 实验仪器及设备

序号	名称	型号与规格	数量
1	可调直流稳压电源	$0 \sim 30\text{V}$	1 个
2	单相交流电源	$0 \sim 220\text{V}$	1 个
3	三相自耦调压器		1 台
4	直流数字电压表		1 块
5	直流数字毫安表		1 块
6	直流数字安培表		1 块
7	交流电压表		1 块
8	交流电流表		1 块

(续)

序号	名称	型号与规格	数量
9	空心互感线圈	L_1 为大线圈、L_2 为小线圈	1 对
10	可变电阻器	100Ω/3W	1 个
11	电阻器	510Ω/2W	1 个
12	发光二极管	红或绿	1 个
13	铁棒、铝棒		各 1 个
14	滑线变阻器	200Ω/2A	1 个

2.6.5 实验内容

1. 观察互感现象

1）实验线路如图 2.6.5 所示，将线圈 L_1 和 L_2 同心式套在一起（即将 L_2 套入 L_1 中），并放入铁心，L_1 串接电流表（选 0 ～ 2.5A 量程的交流电流表）后，接至三相自耦调压器的输出，将低压交流电加在 L_1 侧，L_2 侧接入 LED 发光二极管与 510Ω 电阻串联的支路。

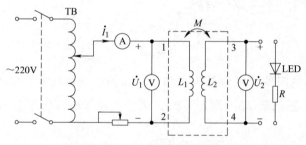

图 2.6.5 互感电路实验线路

2）由于线圈内阻很小，接通电源前，首先将三相自耦调压器调至零位，限流变阻器调到阻值最大的位置，确认后接通交流电源。

3）缓慢调节三相自耦调压器使其输出一个很低的电压（约 2V），然后由大到小地调节限流变阻器，使流过 L_1 侧电流表的电流小于 1.5A。

4）将铁心慢慢地从两线圈中抽出和插入，观察 LED 亮度的变化及各电表读数的变化，记录现象。

5）改变两线圈的相对位置，观察 LED 亮度的变化及仪表读数，记录现象。

6）改用铝棒替代铁棒，重复 4）、5）的内容。

7）将三相自耦调压器调回到零位，断开电源，拆除连线。

2. 测定互感线圈的同名端

（1）直流法

1）按图 2.6.2 接线，将 L_2 套入 L_1 中，并插入铁心，在 L_2 侧直接接入 2mA 量程的毫安表，在 L_1 侧串入电流测试插孔以备串入直流电流表监测电流（没有电流测试插孔则直接串入直流电流表)。

2) 由于线圈内阻很小,接通电源前首先查看三相自耦调压器的输出是否在零位 (不在零位请调至零位),限流变阻器调到阻值最大的位置,确认后接通电源。

3) 用电压表监测可调直流稳压电源输出电压,用直流电流表 / 毫安表监测回路电流;缓慢调节使可调直流稳压电源输出至 $E=1.2V$;然后由大到小地调节限流变阻器,使流过 L_1 侧的电流不超过 0.4A。

4) 将铁心迅速拔出和插入,观察 L_2 侧毫安表正负读数的变化,并将变化情况记录到表 2.6.1 中相应位置,判定 L_1 和 L_2 两个线圈的同名端,将判定结果记录到表 2.6.1 中相应位置。

5) 将三相自耦调压器调回到零,断开电源,拆除连线。

(2) 交流法

1) 按图 2.6.5 接线,将 L_2 套入 L_1 中,插入铁心,将两线圈一端相连 (如 2 端和 4 端),线圈 L_1 串接交流电流表 (选 0 ~ 2.5A 的量程),然后接至三相自耦调压器的输出,交流电压表接至 L_1 两侧, L_2 侧开路。

2) 由于线圈内阻很小,接通电源前首先查看三相自耦调压器的输出是否在零位 (不在零位请调至零位),限流变阻器调到阻值最大的位置,确认后接通电源。

3) 缓慢调节三相自耦调压器使其输出一个 2V 左右的低电压 (交流电压表监测),流过 L_1 侧电流表的电流应小于 1.5A,然后用 0 ~ 30V 量程的交流电压表测量 U_{13}、U_1 和 U_2,将测量数据记录到表 2.6.1 中相应位置。

4) 将三相自耦调压器调回到零,断开电源。

表 2.6.1　判别同名端数据

| 毫安表变化 | 直流法 | | 结论 |
	插入铁心	拔出铁心	1 端与 3 端
	交流法		结论
	U_{13} /V	U_1 /V	U_2 /V	1 端与 3 端
2、4 端相连				
2、3 端相连				

5) 根据实验原理 "2.(3)" 中的结论判定同名端,并将判定结果记录到表 2.6.1 中相应位置。

6) 拆除 2、4 端连线,并将 2、3 端相接,重复上述 1) ~ 5) 的内容。

3. 测互感系数 M

(1) 互感电动势法

1) 按图 2.6.5 接线,将 L_2 套入 L_1 中,插入铁心,线圈 L_1 侧串接交流电流表 (选 0 ~ 2.5A 的量程),然后接至三相自耦调压器的输出,交流电压表接至 L_1 两侧, L_2 侧开路。

2）由于线圈内阻很小，接通电源前查看三相自耦调压器的输出是否在零位（不在零位请调至零位），限流变阻器调到阻值最大的位置，确认后接通电源。

3）缓慢调节三相自耦调压器使其输出一个 2V 左右的低电压（交流电压表监测），流过 L_1 侧电流表的电流应小于 1.5A，然后测量 U_1、I_1 和 U_2，将数据记录到表 2.6.2 中"互感电动势法"下的相应位置，同时将 U_1、I_1 和 U_2 的值记录到表 2.6.3 中"L_2 侧开路测量值"下的相应位置。

4）改变线圈 L_1 上的交流电压两次，重复步骤 3）的测量，将数据记录到表 2.6.2 和表 2.6.3 中的相应位置。

5）将三相自耦调压器调回到零位，断开电源，拆除连线。

6）按照本节实验原理"3.（1）"中给出的公式 $M = \dfrac{U_2}{\omega I_1}$，计算三次测量数据对应的互感系数，并计算其平均值，将计算结果填入表 2.6.2 中的相应位置。

（2）等效电感法

1）先用万用表欧姆挡测出两线圈内阻 r_1、r_2，将数据记录到表 2.6.2 中"等效电感法"下和表 2.6.3 中相应位置，然后按照图 2.6.6 所示电路接线，L_1 与 L_2 顺向串联接入。

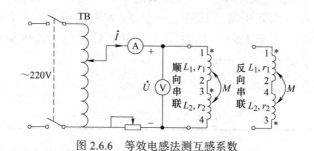

图 2.6.6　等效电感法测互感系数

2）查看三相自耦调压器的输出是否在零位（不在零位请调至零位），限流变阻器调到阻值最大的位置，确认后接通电源。

3）缓慢调节三相自耦调压器使其输出一个很低的电压，流过电流表的电流应小于 1A，测出两个线圈串联的电压 U 和电流 I，将测量数据记录到表 2.6.2 中"等效电感法"下的相应位置。

4）改变线圈上的交流电压两次，重复步骤 3）的测量及数据记录。

5）将三相自耦调压器调回到零位，断开电源，拆除 L_1 与 L_2 连线，将 L_1 与 L_2 反向串联接入电路。

6）重复步骤 2）～ 4）的测量，将测量数据记录到表 2.6.2 中相应位置。

7）将三相自耦调压器调回到零位，断开电源，拆除连线。

8）按照式（2.6.1）和式（2.6.3），分别计算 L_1 与 L_2 顺向串联和反向串联时对应的等效阻抗的模，将计算结果记录到表 2.6.2 中"等效电感法"下的相应位置；按照式（2.6.2）和式（2.6.4），分别计算 L_1 与 L_2 顺向串联和反向串联时对应的等效电感，并用 L_1 与 L_2 顺向串联等效电感的平均值和其反向串联等效电感的平均值，按照式（2.6.5）计算互感，将计算结果记录到表 2.6.2 中的相应位置。

表 2.6.2　测互感系数 M 的数据

互感电动势法					
	U_1 /V	I_1 /A	U_2 /V	M/H $[M = U_2/(\omega I_1)]$	$\bar{M}$ /H
第一次					
第二次					
第三次					

等效电感法							
r_1 /Ω	r_2 /Ω		测量值		计算值		
			U /V	I /A	$\lvert Z \rvert$ /Ω $(\lvert Z \rvert = U / I)$	L/H $\left(L = \sqrt{\lvert Z \rvert^2 - R^2}\,/\,\omega\right)$	—	R/Ω $(R = r_1 + r_2)$
顺向串联		第一次					$\bar{L}_{顺}$ /H	
		第二次						M/H $[M = (\bar{L}_{顺} - \bar{L}_{反})\,/\,4]$
		第三次						
反向串联		第一次					$\bar{L}_{反}$ /H	
		第二次						
		第三次						

4. 测耦合系数 k

由本节实验原理 "4. 耦合系数 k 的测定" 可知，测定 k 需要测量 L_2 侧开路和 L_1 开路时两组数据。L_2 侧开路时数据的测量方法和步骤与本节实验内容 "3.（1）互感电动势法" 中的测量完全相同，L_2 侧开路时的数据也可直接使用本节实验内容 "3.（1）互感电动势法" 中的测量数据。下面仅介绍测量 L_1 侧开路时数据的测量方法和步骤。

1）按图 2.6.5 接线，将 L_2 套入 L_1 中，插入铁心，将线圈 L_1 侧开路，L_2 侧接至三相自耦调压器的输出，加交流低电压。

2）查看三相自耦调压器的输出是否在零位（不在零位请调至零位），限流变阻器调到阻值最大的位置，确认后方可接通电源。

3）缓慢调节三相自耦调压器使其输出一个很低的电压，使流过 L_2 侧电流 $I_2 = 0.5\text{A}$，测出此时的 U_2、I_2 和 U_1 的值，将数据记录到表 2.6.3 中 "L_1 侧开路测量值" 下的相应位置。

4）改变线圈L_2上的交流电压两次，重复步骤3）的测量，将数据记录到表2.6.3中的相应位置。

表 2.6.3 测耦合系数 k 的数据

r_1/Ω	L₂侧开路测量值			计算值				
	U_1/V	I_1/A	U_2/V	$\|Z_1\|/\Omega$ $(\|Z_1\|=U_1/I_1)$	L_1/H $\left(L_1=\sqrt{\|Z_1\|^2-r_1^2}/\omega\right)$	$\bar{L}_1/H$	M/H $(M=U_2/\omega I_1)$	$\bar{M}/H$
第一次								
第二次								$\bar{\bar{M}}/H$ $\left[\bar{\bar{M}}=(\bar{M}+\bar{M}')/2\right]$
第三次								
r_2/Ω	L₁侧开路测量值			计算值				
	U_2/V	I_2/A	U_1/V	Z_2/Ω $(\|Z_2\|=U_2/I_2)$	L_2/H $\left(L_2=\sqrt{\|Z_2\|^2-r_2^2}/\omega\right)$	$\bar{L}_2/H$	M'/H $(M'=U_1/\omega I_2)$	$\bar{M}'/H$
第一次								
第二次								$k=\bar{\bar{M}}\sqrt{\bar{L}_1\bar{L}_2}$
第三次								

注：表中r_1、r_2的值可利用本节实验内容"3.测互感系数 M"中"（2）等效电感法"中测出的r_1、r_2的值。

5）将三相自耦调压器调回到零位，断开电源，拆除连线。

6）按照式（2.6.7）和式（2.6.8）计算L_1与L_2的自感，按照本节实验原理"3.（1）"中给出的公式$M=U_2/(\omega I_1)$和$M=U_1/(\omega I_2)$，计算L_1与L_2的互感，并用其平均值按照式（2.6.6）计算耦合系数 k，将计算结果记录到表2.6.3中的相应位置。

2.6.6　注意事项

1）整个实验过程中，注意流过线圈L_1的电流不得超过1.5A，流过线圈L_2的电流不得超过1A。

2）实验中，都应将小线圈L_2套在大线圈L_1中，并插入铁心。

3）如果实验室备有 200Ω/2A 的滑线变阻器或大功率的负载，在交流实验时则可接在L_1侧，作为限流电阻用。

4）做交流实验前，首先要检查三相自耦调压器，要保证旋钮置在零位，因实验时所加的电压只有 2～3V。因此调节时要特别仔细、小心，要随时观察电流表和电压表的读数，不得超过规定值，否则容易烧坏线圈和仪表。

2.6.7　实验报告及问题讨论

1）回答本节预习内容中的思考题。

2）本实验用直流法判断同名端是用插、拔铁心时观察电流表的正负读数变化来确定的，这与实验原理中所叙述的方法是否一致？其原理是什么？应如何确定同名端？

3）对互感线圈同名端、互感系数的实验测试方法进行总结。

4）分析并讨论实验结果，如何减少测量误差？

5）总结、归纳本次实验，写出本次实验的收获与体会，包括实验中遇到的问题、处理问题的方法和结果。

第 3 部分

交流电路实验

正弦稳态电路在工程上泛称交流电路，本部分通过实验的方法研究交流电路等效参数、功率、功率因数及三相交流电路性质等。

3.1 交流电路等效参数的测量

3.1.1 实验目的

1）学习单相正弦交流电路的电压、电流及功率的正确测量方法；学会用交流电压表、交流电流表和功率表测量交流电路的等效参数；熟练掌握功率表的接法和使用方法。

2）近距离观察与了解强电实验室各类交流电源，学习自耦调压器的使用方法。

3）学习判别电路容性负载、感性负载的方法。

4）熟悉 R、L、C 元件在正弦交流电路中的基本特性，加深对阻抗、阻抗角、相位差及功率因数等概念的认识。

3.1.2 预习内容

复习正弦交流电路的相关内容，熟悉正弦交流激励下阻抗的模、电路的功率因数、等效电阻、等效电抗的概念和计算方法以及 R、L、C 元件在正弦交流电路中的基本特点，掌握阻抗性质的判别方法；熟悉实验内容和安全用电规定，了解实验的基本方法及预防触电知识和发生触电事故的应急处理预案，了解自耦调压器的操作方法和功率表的使用方法。思考并回答以下问题。

1）在 50Hz 的交流电路中，测得一个铁心线圈的 P、U、I，如何算得它的阻值及电感量？

2）用相量图来说明使用并联电容的方法判别电路阻抗性质的原理。

3）在 L、C 并联电路中总电流是否比 L 支路的电流大？为什么？

3.1.3 实验原理

一般情况下，正弦交流电路中，与某个节点连接的各支路电流相位可能不同，而一个回路的各元件电压相位也可能不同。但正弦交流电路中各支路电流与各回路元件电压仍然满足基尔霍夫定律，只不过是相量形式的基尔霍夫定律，即 $\sum \dot{I} = 0$、$\sum \dot{U} = 0$。实验中，使用交流电压表与交流电流表测得的电压与电流均为有效值，不能用这些值直接进行简单的代数和计算，需要测得交流电路的等效参数，进行相量形式的计算。

1. 三表法测交流电路的等效参数

在单相正弦交流电路中，电阻元件、电容元件和电感元件的特性是分析交流电路的基础，元件参数值的测量主要有两种方法，一是用专用仪表，如使用电桥直接测量电阻、电感和电容；二是测量 50Hz 交流电路参数的常用方法——三表法。如图 3.1.1 所示为用三表法间接测量交流电路等效参数的电路，该方法是在正弦交流激励下，用交流电压表、交流电流表及功率表这三表，分别测量出元件或无源二端网络两端的电压有效值 U、流过该元件或无源二端网络的电流有效值 I 及其所消耗的有功功率 P，然后通过计算得到负载的阻抗、功率因数和阻抗角等参数。

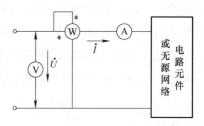

图 3.1.1　三表法间接测量交流电路的等效参数电路

设被测网络的复阻抗为 $Z = R + jX$，其中 R 为被测网络阻抗的电阻分量（等效电阻），X 为被测网络的电抗分量（等效电抗）。由电路理论可知，被测网络的端口电压有效值 U、端口电流有效值 I、有功功率 P 及被测网络的等效参数有以下关系：

复阻抗的模（阻抗）　$|Z| = \dfrac{U}{I}$

电路的功率因数　$\lambda = \cos\varphi = \dfrac{P}{UI}$

等效电阻　$R = \dfrac{P}{I^2} = |Z|\cos\varphi$

等效电抗　$X = \pm\sqrt{|Z|^2 - R^2} = \pm|Z|\sqrt{1 - \lambda^2}$

在相位关系上，电阻元件上的电流和电压同相；电感元件上的电流落后其端电压 $90°$；电容元件上的电流超前其端电压 $90°$。感性元件的等效电抗为 $X = X_L = 2\pi fL > 0$，容性元件的等效电抗为 $X = -X_C = -\dfrac{1}{2\pi fC} < 0$，其中 f 为交流电路的频率，L 为电感，C 为电容。如果被测对象不是一个单一元件，而是一个无源二端网络，那么电路的移相角度，可根据理论上的阻抗三角形关系确定 $\left(\varphi = \arctan\dfrac{X}{R}\right)$，也可以根据三表法的实验数据，按以下公式计算，但无法判别出电路的阻抗性质。

阻抗角　$\varphi = \arccos\dfrac{P}{UI}$

2. 阻抗性质的判别方法

判别电路的阻抗性质可以采用三种方法：并联电容测量法、串联电容测量法和相位关系测量法。

（1）并联电容测量法

并联电容判别电路的阻抗性有两种方法，分别为在被测电路两端并联可变容量和固定容量的电容。

方法一：如图 3.1.2 所示，电路中 Z 为被测阻抗，在其两端并联可变容量的试验电容

C'，在端电压 $\dot{U}$ 不变的情况下，根据电路中总电流 $\dot{I}$ 的变化情况，可以判别电路的阻抗性质。图 3.1.3 是图 3.1.2 并联电路测量法的等效电路，图 3.1.3 中 G 和 B 分别为被测阻抗 Z 的等效电导和电纳（即 $1/Z = G + jB = Y$，Y 为被测阻抗的复导纳），$B' = \omega C'$ 为并联电容 C' 的电纳，其中 ω 为交流电路的角频率。设图 3.1.3 所示等效电路的导纳为 $Y_{总} = G + jB''$，其中 $B'' = B + B'$ 为图 3.1.3 所示等效电路的电纳，在端电压 $\dot{U}$ 不变的条件下，总电流为 $\dot{I} = \dot{U}(G + jB'')$，其有效值为 $I = U\sqrt{G^2 + B''^2}$。总电流的测量值（即有效值）按下面两种情况进行分析：

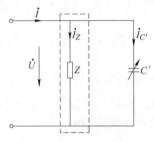 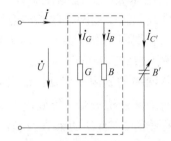

图 3.1.2　并联电容测量法　　　　　　　图 3.1.3　并联电容测量法的等效电路

1）当 B 为容性元件时，被测阻抗 Z 的等效电纳 $B > 0$，与并联可变电容的电纳 B' 同号。当并联可变电容 C' 增大时，$B' = \omega C'$ 增大，$B'' = B + B'$ 也随之增大，电路中总电流的有效值 $I = U\sqrt{G^2 + B''^2}$ 将单调地增大。

2）当 B 为感性元件时，被测阻抗 Z 的等效电纳 $B < 0$，与并联可变电容的电纳 B' 异号，总电流的有效值 I 与并联电容电纳 B' 的关系曲线如图 3.1.4 所示。当并联可变电容 C' 由小逐渐增大，即 $B' = \omega C'$ 由小逐渐增大时，$B'' = B + B'$ 的绝对值先减小后增大，总电流的有效值 $I = U\sqrt{G^2 + B''^2}$ 也是先减小后增大。

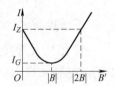

图 3.1.4　感性负载并联电容后的 $I - B'$ 关系曲线

综上所述，在被测阻抗两端并联可变容量的试验电容 C' 后，随着并联电容 C' 由小逐渐增大，若电路中被测总电流 I 单调增大，则被测电路为容性；若被测总电流 I 随着并联电容 C' 由小逐渐增大而先减小后增大，则被测电路为感性。

注意：由图 3.1.4 可以看出，当并联电容的初始电纳小于被测阻抗 Z 的等效电纳绝对值，即 $B' < |B|$ 时，随并联电容 C' 增大，电路中总电流的有效值才会先减小后增大。实验时注意并联电容容量初始值的选取应符合适用条件。

方法二：如图 3.1.2 所示，在端电压 $\dot{U}$ 不变的情况下，在被测阻抗两端并联一个适当容量的试验电容 C'，根据电路中被测总电流 I 的变化情况，可以判别被测电路的阻抗性质。若电路中被测总电流 I 增大，则被测电路为容性；若被测总电流 I 减小，则被测电路为感性。

此种方法中，当被测电路为容性时，对并联电容 C' 的值无特殊要求；而当被测电路为感性时，只有 $B' < |2B|$ 才有判别为感性的意义。因为从图 3.1.4 中可以看出，当 $B' > |2B|$ 时，电路中总电流有效值大于没并联电容时的值且单调上升，这与电路为容性时总电流有

效值的变化情况相同，并不能说明电路的性质，所以当 B 为感性时判断电路性质的可靠条件为 $C' < |2B| / \omega$。

（2）串联电容测量法

串联电容判别电路的阻抗性质也有两种方法，分别为在被测电路中串联可变容量和固定容量的电容。

方法一：如图 3.1.5a 所示，电路中 Z 为被测阻抗，在电路中串联可变容量的试验电容 C'，在电源电压 $\dot{U}$ 不变的情况下，根据被测阻抗端电压的变化情况，可以判别电路的阻抗性质。图 3.1.5b 是串联电路测量法的等效电路，图中 R 和 X 为被测阻抗 Z 的等效电阻和电抗（即 $Z = R + jX$），$X' = 1/\omega C'$ 为串联电容 C' 的容抗。设如图 3.1.5 所示二端网络的阻抗为 $Z_{总} = R + jX''$，其中 $X'' = X - X'$ 为图 3.1.5 所示电路的电抗，在电源电压 $\dot{U}$ 不变的条件下，被测阻抗 Z 的

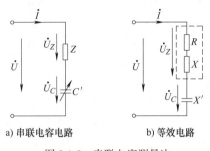

a) 串联电容电路　　　　b) 等效电路

图 3.1.5　串联电容测量法

端电压为 $\dot{U}_Z = [(R + jX)/(R + jX'')]\dot{U}$，其有效值为 $U_Z = (\sqrt{R^2 + X^2} / \sqrt{R^2 + X''^2})U$。被测阻抗 Z 的端电压的测量值（即有效值）按下面两种情况进行分析：

1）当 X 为容性元件时，被测阻抗 Z 的电抗分量 X 为负值，当串联可变电容 C' 减小即 $X' = 1/(\omega C')$ 增大时，$X'' = X - X'$ 的绝对值随之增大，被测阻抗 Z 的端电压测量值 $U_Z = (\sqrt{R^2 + X^2} / \sqrt{R^2 + X''^2})U$ 将单调地减小。

2）当 X 为感性元件时，被测阻抗 Z 的电抗分量 X 为正值，当串联可变电容 C' 减小即 $X' = 1/(\omega C')$ 增大时，$X'' = X - X'$ 的绝对值随之先减小后增大，被测阻抗 Z 的端电压测量值 $U_Z = (\sqrt{R^2 + X^2} / \sqrt{R^2 + X''^2})U$ 将先增大后减小。

所以，在电路中串联可变容量的试验电容 C' 后，随着串联电容 C' 的减小，若其端电压测量值单调减小，则被测电路为容性；若其端电压测量值先增大后减小，则被测电路为感性。

方法二：如图 3.1.5 所示，图中 Z 为被测阻抗，在电路中串联一个适当容量的试验电容 C'，在电源电压 $\dot{U}$ 不变的情况下，根据被测阻抗端电压测量值的变化情况，可以判别电路的阻抗性质。若其端电压测量值减小，则被测电路为容性；若其端电压测量值增大，则被测电路为感性。

此种方法中，当被测电路为容性时，对串联电容 C' 的值无特殊要求；而当被测电路为感性时，只有 $X' < |2X|$ 才有判别为感性的意义。因为当 $X' > |2X|$ 时，被测负载 Z 的端电压测量值 U_Z 将大于不串联电容时的值且单调上升，这与电路为容性时端电压测量值的变化情况相同，并不能说明电路的性质，所以当 X 为感性时判断电路性质的可靠条件为 $C' > 1/(\omega |2X|)$，式中 X 为被测电路的电抗值，C' 为串联试验电容值。

（3）相位关系测量法

待测电路的阻抗性质还可以利用单相相位表测量待测电路电流和电压间的相位关系进

行判别，若电流超前于电压，则电路为容性；若电流滞后于电压，则电路为感性；若电流与电压同相，则电路为阻性。

3. 功率表的结构与接线

功率表有数字式和模拟式两种，内部均由电流测量部件和电压测量部件共同组成。用数字式或模拟式功率表测量功率时，均需使用四个接线柱，即两个电压端接线柱和两个电流端接线柱；电流测量端口 I 与负载串联，电压测量端口 U 与负载或电源并联，标注 I 和 U 的同名端必须连接在一起。数字式功率表的连接方法与模拟式功率表相同。若使用模拟式功率表，需要选择电压和电流的量程，数字式功率表一般不用选择量程，且多数可测量功率因数，操作相对简单。下面以模拟式单相电动系功率表为例加以介绍。

一般模拟式单相电动系功率表（又称为瓦特表）是一种动圈式仪表，它有两个测量线圈，一个是有两个量限的电流线圈，另一个是有三个量限的电压线圈。其中，两个量限的电流线圈是由两个电流线圈串联和并联得到的，测量时电流线圈与负载串联；电压线圈可以与电源并联使用，也可与负载并联使用，此即为并联电压线圈的前接法和后接法。当负载电阻远远大于电流线圈的电阻时，应采用电压线圈前接法，这时电压线圈的电压是负载电压和电流线圈电压之和，功率表测量的是负载功率和电流线圈功率之和。如果负载电阻远远大于电流线圈的电阻，则可以略去电流线圈分压所造成的影响，测量结果比较接近负载的实际功率值。当负载电阻远远小于电压线圈电阻时，应采用电压线圈后接法。这时电压线圈两端的电压虽然等于负载电压，但电流线圈中的电流却等于负载电流与功率表电压线圈中的电流之和，测量时功率读数为负载功率与电压线圈功率之和。由于此时负载电阻远小于电压线圈电阻，所以电压线圈分流作用大大减小，其对测量结果的影响也可以大为减小。如果被测负载本身功率较大，可以不考虑功率表本身的功率对测量结果的影响，则两种接法可以任意选择。但最好选用电压线圈前接法，因为功率表中电流线圈的功率一般都小于电压线圈支路的功率。

为了不使模拟式功率表的指针反向偏转，在电流线圈和电压线圈的一个端钮上都标有 "*" 标记。正确的连接方法是：必须将标有 "*" 标记的两个端钮接在电源的同一端，电流线圈的另一端接至负载端，电压线圈的另一端则接至负载的另一端，否则模拟式功率表除反偏外，还有可能损坏。

如图 3.1.6 所示是模拟式功率表在电路中的连接线路示意图。

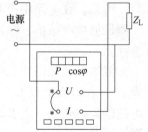

图 3.1.6 模拟式功率表的连接线路

3.1.4 实验仪器及设备

序号	名称	型号与规格	数量
1	单相交流电源	0～220V	1 个
2	交流电压表	500V	1 块
3	交流电流表	0～5A	1 块
4	单相功率表		1 块

（续）

序号	名称	型号与规格	数量
5	自耦调压器		1 台
6	电感线圈	40W 荧光灯配用镇流器	1 个
7	电容器	4.7μF/400V	1 个
8	白炽灯	15W/220V	若干只

3.1.5 实验内容

本节实验内容电源电压取自实验装置配电屏上的可调电压输出端，经指导教师检查同意后，方可接通市电电源。

1. 测量单一元件的等效参数

1）按图 3.1.7 所示接线，图中 Z 为 15W 白炽灯（R），用交流电压表监测，将电源电压从零调到 220V，读出交流电流表和功率表的读数 I、P 和功率因数 λ，将数据记录到表 3.1.1 中相应位置；然后将自耦调压器调回到零，断开电源。

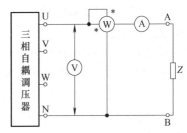

图 3.1.7 测量单一元件的等效参数

2）将 15W 白炽灯（R）换成 4.7μF 电容器（C），重复上述操作。

3）根据表 3.1.1 中记录的测量数据和 3.1.3 实验原理"1"中的公式，计算白炽灯的电阻值、电容器的电容值、阻抗的模和功率因数 $\cos\varphi$，将计算结果填入表 3.1.1 中相应位置。

4）将 4.7μF 电容器（C）换成电感线圈（L）（如果没有专用的电感线圈，则可以用 40W 荧光灯的镇流器来代替），将电源电压从零调到电流表的示数为电感线圈（L）或荧光灯镇流器的额定电流（0.3A）时为止，读出交流电压表和功率表的读数 U、P 和功率因数 λ，将数据记录到表 3.1.1 中相应位置。然后将自耦调压器调回到零，断开电源。

5）根据表 3.1.1 中记录的测量数据和 3.1.3 实验原理"1"中的公式计算阻抗的模、等效电阻值、电感线圈或荧光灯的镇流器电感值和功率因数 $\cos\varphi$，将计算结果记录到表 3.1.1 中相应位置。

表 3.1.1 测量元件或无源二端网络等效参数数据

被测阻抗	测量值				计算的电路等效参数值				
	U/V	I/A	P/W	λ	$\|Z\|/\Omega$ ($\|Z\|=U/I$)	$\cos\varphi=P/UI$	R/Ω ($R=P/I^2$)	L/mH	$C/\mu F$
15W 白炽灯								—	—
电容器 C								—	①
电感线圈 L		0.3						②	

（续）

被测阻抗	测量值				计算的电路等效参数值				
	U/V	I/A	P/W	λ	$\|Z\|/\Omega$ ($\|Z\|=U/I$)	$\cos\varphi = P/UI$	R/Ω ($R = P/I^2$)	L/mH	$C/\mu\text{F}$
LC 串联		0.3							
LC 并联									

注：① 电容值可用公式 $C = \dfrac{I}{2\pi f U\sqrt{1-\lambda^2}}$ 计算求得。

② 电感值可用公式 $L = \dfrac{U\sqrt{1-\lambda^2}}{2\pi f I}$ 计算求得，其中 f 为实验所接交流市电频率。

2. 测量 L、C 串联后的等效参数并判别电路的阻抗性质

1）按图 3.1.8 所示接线，将电感线圈或 40W 荧光灯镇流器（L）与 4.7μF 电容器（C）串联，开关 S 断开，将电源电压从零调到电流表的示数为电感线圈或荧光灯镇流器的额定电流（0.3A）时为止，读出电压表和功率表的读数 U、P 和功率因数 λ，将数据记录到表 3.1.1 中"LC 串联"所在行的相应位置。

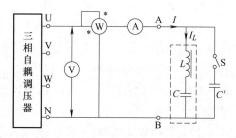

图 3.1.8　测 L、C 串联电路的等效参数

2）采用并联电容测量法中的方法一来判别电路的阻抗性质，具体做法如下：仍采用步骤 1）中的电路，并保持步骤 1）中的输入电压值不变，并联电容 C' 分别选定成电容值为表 3.1.2 中所列值的电容器，闭合开关 S，读出并联不同电容 C' 时电流表的读数，将数据记录到表 3.1.2 中相应位置；根据所测电流的变化情况，判别电路的阻抗性质。

表 3.1.2　用方法一测量电路的阻抗性质

测量电路	电路电流	并联电容							
		0（断路）	1μF	2.2μF	3.2μF	4.7μF	5.7μF	6.9μF	电路性质
LC 串联	I/A								
LC 并联	I/A								

3）采用并联电容测量法中的方法二来判别电路的阻抗性质，具体做法如下：仍采用步骤 1）中的电路，并保持步骤 1）中的输入电压值不变，并联电容 C' 选电容值为 1μF 的电容器，断开开关 S，读出此时电流表的读数，将数据记录到表 3.1.3 中相应位置；闭合开关 S，再读出此时电流表的读数，将数据记录到表 3.1.3 中相应位置；对比并联电容 C' 前后总电流的变化情况，判别出电路的阻抗性质。

表 3.1.3　用方法二测量电路的阻抗性质

测量电路	电路电流	并联电容前	并联电容后	电路性质
LC 串联	I/A			
LC 并联	I/A			

4）将自耦调压器调回到零，断开电源。

5）根据表 3.1.1 中记录的数据和 3.1.3 实验原理"1"中的公式计算阻抗的模、功率因数 $\cos\varphi$ 和等效电阻值，将计算结果记录到表 3.1.1 中"LC 串联"所在行的相应位置，并根据表 3.1.3 中判别的 LC 串联电路性质计算电感值或电容值，即若判别电路性质为容性，则只计算电容值，若判别电路性质为感性，则只计算电感值，将计算结果填入表 3.1.1 中"LC 串联"所在行的相应位置。

3. 测量 L、C 并联后的等效参数并判别电路的阻抗性质

1）按图 3.1.9 所示接线，将电感线圈或 40W 荧光灯镇流器（L）与 4.7μF 电容器（C）并联，开关 S 断开，注意要在电感线圈或荧光灯镇流器（L）支路接入电流表用以监测该支路电流值，将电源电压从零调到电感线圈或荧光灯镇流器（L）支路电流表的示数为电感线圈或荧光灯镇流器（L）的额定电流（0.3A）时为止，读出电压表、功率表和干路电流表的读数 U、P、λ 和 I，将数据记录到表 3.1.1 中"LC 并联"所在行的相应位置。

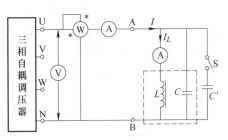

图 3.1.9　测 LC 并联电路的等效参数

2）采用并联电容测量法中的方法一来判别电路的阻抗性质，具体做法如下：

仍采用步骤 1）中的电路，并保持步骤 1）中的输入电压值不变，并联电容 C' 分别选定成电容值为表 3.1.2 所列值的电容器，闭合开关 S，读出并联不同电容 C' 时干路电流表的读数，将数据记录到表 3.1.2 中相应位置。根据所测电流的变化情况，判别电路的阻抗性质。

3）采用并联电容测量法中的方法二来判别电路的阻抗性质，具体做法如下：

仍采用步骤 1）中的电路，并保持步骤 1）中的输入电压值不变，并联电容 C' 选电容值为 1μF 的电容器，断开开关 S，读出此时干路电流表的读数，将数据记录到表 3.1.3 中相应位置。闭合开关 S，再读出此时干路电流表的读数，将数据记录到表 3.1.3 中相应位置。对比并联电容 C' 前后干路电流的变化情况，判别出电路的阻抗性质。

4）将自耦调压器调回到零，断开电源，拆除连线。

5）根据表 3.1.1 中记录的数据和 3.1.3 实验原理"1"中的公式计算阻抗的模、功率因数 $\cos\varphi$ 和等效电阻值，将计算结果记录到表 3.1.1 中"LC 并联"所在行的相应位置，并根据表 3.1.3 中判别的 LC 并联电路性质计算电感值或电容值，即若判别电路性质为容性，则只计算电容值，若判别电路性质为感性则只计算电感值，将计算结果填入表 3.1.1 中"LC 并联"所在行的相应位置。

注意： 本节实验内容"2"和"3"中涉及判别电路阻抗性质的两种方法 [即对应的步

骤 2）和 3）]，实际实验时可视具体情况选择其中之一进行操作，也可两种方法均使用并比较判别结果是否相同。

3.1.6 注意事项

1）本实验直接用交流市电 220V 电源供电，实验中要特别注意人身安全；实验中接线、拆线、改换电路必须先断开电源，必须严格遵守"先接线、后通电""先断电、后拆线"的安全用电操作规程，严禁带电操作；接线后一定要复查；通电时尽量单手操作，不可用手直接触摸通电线路的裸露部分。

2）连接电路时，导线要牢固，避免虚接；拆线时要捏着导线插头位置，防止损坏导线。

3）自耦调压器在接通电源前，应将其旋钮置在零位上，输出电压从零开始逐渐升高。每次改接实验线路或实验完毕，都必须先将其旋钮慢慢调回零位，再断开电源。

4）功率表一般不单独使用，通常要配有电压表和电流表进行监测。使用功率表时要正确接入电路，并且通电前必须复查。模拟式功率表的电压量程和电流量程可根据电压表和电流表的读数加以选择。

5）在测量有电感线圈 L 的支路中，要用电流表监测电感支路中的电流不得超过 0.3A。

6）连接电路时必须在需要测量电流的干路和支路上串接电流测试插座，电流表用电流测试插头导线连接。

3.1.7 实验报告及问题讨论

1）回答本节预习内容中的思考题。

2）根据实验数据，完成表格中各项数据的计算。

3）依据实验结果，在坐标纸上画出测量不同元件时的阻抗三角形和电压三角形关系，并与理论估算值进行比较。

4）在图 3.1.8 中，当并联电容后，总功率和功率因数是否变化？为什么？

5）归纳、总结本次实验的收获与体会，包括实验中遇到的问题、处理问题的方法和结果。

3.2 单相交流电路及功率因数的提高

3.2.1 实验目的

1）研究正弦稳态交流电路中电压、电流相量之间的关系。

2）了解荧光灯电路的特点，掌握荧光灯线路的接线与测量。

3）理解改善电路功率因数的意义并掌握改善电路功率因数的方法。

4）掌握串联电路功率和功率因数的测定方法。

3.2.2　预习内容

复习正弦稳态交流电路的有关理论知识，了解正弦稳态交流电路的基本特性，理解交流电路中基尔霍夫定律的相量形式；了解有功功率、无功功率、视在功率和功率因数的概念及意义；参阅课外资料，了解荧光灯电路的工作原理；预习实验内容，了解实验的基本方法和注意事项，了解荧光灯电路的接线方法及改善其功率因数的实验方法，熟悉安全用电规定；思考并回答以下问题。

1）在并联交流电路中，支路电流是否会大于总电流，为什么？

2）为了提高电路的功率因数，常在感性负载上并联电容器，此时增加了一条支路，试问电路的总电流是增大还是减小，此时感性负载上的电流、功率和功率因数是否改变？

3）提高线路功率因数为什么只采用并联电容器法，而不用串联法？所并的电容器是否越大越好？

4）在日常生活中，当荧光灯上缺少了辉光启动器时，人们常用一根导线将辉光启动器的两端短接一下，然后迅速断开，使荧光灯点亮，或用一只辉光启动器去点亮多只同类型的荧光灯，这是为什么？

3.2.3　实验原理

1. 单相正弦交流电路中的 RC 串联电路

一般情况下，在单相正弦交流电路中，与某节点相连的各支路电流相位可能不同，而一个回路中各元件两端的电压相位也可能不同，但电流与电压仍满足基尔霍夫定律，只是不能用其有效值进行简单的代数和，而要采用相量形式的基尔霍夫定律，即

$$\sum_k \dot{I}_k = 0 \text{ 和 } \sum_k \dot{U}_k = 0$$

值得注意的是，实验中用交流电流表和交流电压表测得的电流与电压都是有效值，其代数和不一定为零。

如图 3.2.1a 所示的 RC 串联电路，在正弦稳态信号 $\dot{U}$ 的激励下，电阻上的端电压 $\dot{U}_R$ 与电路中的电流 $\dot{I}$ 同相位，电容上的端电压 $\dot{U}_C$ 比电路中的电流 $\dot{I}$ 滞后 90°，再由相量形式的基尔霍夫定律（即 $\dot{U} = \dot{U}_R + \dot{U}_C$）可知，激励信号的电压 $\dot{U}$、电容上的端电压 $\dot{U}_C$ 与电阻上的端电压 $\dot{U}_R$ 三者之间形成一个直角三角形，如图 3.2.1b 所示。因此，$\dot{I}$（或 $\dot{U}_R$）与 $\dot{U}$ 的相位差 φ 可在直角三角形中求得，即 $\varphi = \arctan(U_C / U_R)$。当激励信号 $\dot{U}$ 保持不变的情况下，改变电阻 R 或电容 C 时，$\dot{U}_R$ 和 $\dot{U}_C$ 的大小会随之改变，$\dot{U}_R$ 的相量轨迹为以 $\dot{U}$ 为直径的上半圆，如图 3.2.1b 中虚线所示，相位角 φ 亦随之改变，故 RC 串联电路具有移相的作用。

2. 单相正弦交流电路中的功率与功率因数

在电路的分析和计算中，能量和功率的计算非常重要，这是因为一方面电路在工作状态下总要伴随电能和其他形式能量的变换；另一方面，电气设备和电路部件本身都有功率的限制。电功率与电压和电流密切相关，在交流电路中，二端网络的电流和电压之

间一般会存在相位差，这使得交流电路的功率会出现一种直流电路所没有的现象，那就是二端网络与电源之间出现能量交换。因此，对一般交流电路功率分析要比直流电路功率的分析复杂很多，需要引入有功功率（平均功率）、无功功率、视在功率和功率因数等概念。

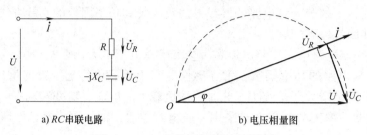

a) RC 串联电路   b) 电压相量图

图 3.2.1　RC 串联电路及电压相量图

（1）瞬时功率 p

设通过二端网络的电流和二端网络的电压（关联参考方向）分别为：$i = I_m \cos(\omega t + \varphi_i)$ 和 $u = U_m \cos(\omega t + \varphi_i + \varphi)$，其中，$\varphi_i$ 为二端网络电流的初始相位，φ 为二端网络电压对二端网络电流的相位差。二端网络所吸收的瞬时功率为

$$p = ui = UI \cos\varphi [1 + \cos(2\omega t + 2\varphi_i)] - UI \sin\varphi \sin(2\omega t + 2\varphi_i) \tag{3.2.1}$$

它是一个频率为电流（或电压）频率 2 倍的非正弦周期量。式（3.2.1）表明，瞬时功率 p 可以看成两个分量叠加的结果，第一个分量即式（3.2.1）中的第一项，始终大于等于零，是一个只有大小变化而不改变功率传输方向的瞬时功率分量，是瞬时功率的不可逆部分，为二端网络所吸收的功率，不再返回外部电路，被称为有功分量；第二个分量为式（3.2.1）中的第二项，是瞬时功率的交变分量，是一个振幅为 $UI \sin\varphi$ 的正弦量，是瞬时功率的可逆部分，代表二端网络和电源之间的能量互换部分，被称为无功分量。

（2）有功功率 P 及功率因数 λ

由于瞬时功率总是随时间变化，在工程中的实用价值不大。通常所指电路的功率是瞬时功率在一个周期内的平均值，称为平均功率，亦称为有功功率，用大写字母 P 表示，单位有瓦（W）、千瓦（kW）和毫瓦（mW）。有功功率反映了交流电源在电阻元件上做功能力的大小，或单位时间内转变为其他能量形式的电能数值，用于衡量二端网络实际所吸收的功率。在单相正弦交流电路中，不含独立电源的二端网络消耗或吸收的有功功率 P 定义为

$$P \stackrel{\text{def}}{=} \frac{1}{T} \int_0^T p \, dt = UI \cos\varphi \tag{3.2.2}$$

式中，U 和 I 分别为不含独立电源的二端网络的端口电压和端口电流的有效值；φ 为关联参考方向下不含独立电源的二端网络的端口电压与端口电流之间的相位差；$\cos\varphi$ 称为不含独立电源的二端网络的功率因数，用符号 λ 表示。$\lambda = \cos\varphi$，φ 称为功率因数角，在无源二端网络中 $0° \leqslant |\varphi| \leqslant 90°$，当不含独立电源的二端网络含有受控源时，有可能出现

$|\varphi| > 90°$ 的情况，此时 $\lambda = \cos\varphi < 0$，有功功率 $P < 0$，表明此时不含独立电源的二端网络发出有功功率。

功率因数 $\lambda = \cos\varphi$ 的大小决定于电路元件的参数、频率及电路的结构，它是衡量传输电能效果的一个非常重要的指标，表示传输系统有功功率所占的比例。实际电网可能绵延数千公里，非常庞大，人们当然不希望电能往复传输，所以理想状态的电能传输系统为 $\lambda = 1$ 的系统。

（3）无功功率 Q

在无源二端网络中，无功功率定义为

$$Q \overset{\text{def}}{=} UI\sin\varphi \tag{3.2.3}$$

它是瞬时功率可逆部分的振幅，是衡量无源二端网络中由储能元件引起的与外部电路交换的功率。在整个周期内这种功率的平均值等于零。这里"无功"的意思是指这部分能量在往复交换的过程中没有被"消耗"掉。无功功率是交流电路中由于电抗性元件（指纯电感或纯电容）的存在，而进行可逆性转换的那部分电功率，它表达了交流电源能量与电感线圈的磁场或电容器极板间的电场能量交换的最大速率。它的量纲与平均功率相同，为区别起见，其单位为乏（var）或千乏（kvar）。

感性电路（$\varphi > 0$），$Q > 0$，容性电路（$\varphi < 0$），$Q < 0$；因此，习惯上常把电感看作"消耗"无功功率，而把电容看作"产生"无功功率。实际工作中，凡是有线圈和铁心的感性负载，它们在工作时建立磁场所消耗的功率即为无功功率。如果没有无功功率，电动机和变压器就不能建立工作磁场。

（4）视在功率 S

无源二端网络连接至交流电源，其端口电压和端口电流有效值的乘积 UI 是交流电源所能提供的总功率，被称为交流电源的视在功率，用大写字母 S 表示，其量纲与 P 和 Q 都相同，为区别三种不同的功率，视在功率 S 的单位为伏安（V·A）或千伏安（kV·A）。它是满足无源二端网络有功功率和无功功率两者的需要时，要求外部提供的功率容量。工程上常用视在功率衡量电气设备在额定电压和额定电流条件下最大的承载能力或负荷能力（指对外输出有功功率的最大能力）。

由三者的定义式可看出，$S \geq P$ 和 $S \geq Q$，且 P、Q 及 S 三者的关系为 $P = S\cos\varphi$、$Q = S\sin\varphi$ 和 $S = \sqrt{P^2 + Q^2}$。所以单相正弦交流电路中无源二端网络的功率因数也可定义为无源二端网络的有功功率与电源视在功率之比，即 $\cos\varphi = P/S$。

3. 功率因数低的危害及提高功率因数的方法

无源二端网络中如果负载不同，其功率因数可能相差很大。如当无源二端网络中只含有电阻元件或等效为一个电阻时，$\cos\varphi = \cos 0° = 1$；当无源二端网络中只含有电感元件或等效为一个电感时，$\cos\varphi = \cos 90° = 0$；当无源二端网络中只含有电容元件或等效为一个电容时，$\cos\varphi = \cos(-90°) = 0$；而交流异步电动机的功率因数在 0.4～0.85 之间。

（1）功率因数低的危害

功率因数的大小关系到电源设备、电网及电力设备的效率、负荷与寿命，电路功率因数低会带来以下问题：

1）效率变低。交流发电机、变压器等电气设备是按照额定电压 U_N 和额定电流 I_N 设计的，两者的乘积（即额定视在功率 S_N）用来表示其额定容量。额定容量 S_N 说明了该电气设备允许提供的最大平均功率，但电源设备在额定容量 S_N 下，究竟向电路提供多大的有功功率，要由电路的功率因数决定。例如，容量为 1000kV·A 的发电机，当电路的功率因数 $\cos\varphi = 1$ 时，发电机发出的有功功率为 1000kW；当电路的功率因数 $\cos\varphi = 0.85$ 时，发出的有功功率仅为 850kW。可见，对于同一电源设备，电路的功率因数越低，输出的有功功率就越小，其容量就不能被充分利用。当功率因数低时，有功功率 P 相对视在功率 S 而言会少，电网电路中所能提供的实际有用功率就少，整个系统的能量转换效率将下降。这会导致能耗增加，单位实际输出功率所需的输入功率将增加，继而提高了电力的消耗和成本。

2）电网负荷增重。当电源电压 U 和输送的有功功率 P 为定值时，电源输出的电流 $I = P/(U\cos\varphi)$，显然，$\cos\varphi$ 越低，电流 I 越大，则电网输电线路损耗的电功率 $\Delta P = I^2 r$ 越大（r 为线路电阻），增加了电力供应系统的线损。另外，功率因数过低使有功功率 P 所需的视在功率 S 增加，导致电源输出电流增大，继而造成电源负荷加重，这些都会对电网的稳定性和可靠性产生不利影响。

3）电力设备寿命减少。在功率因数过低的情况下，电力设备内部的损耗将会增加，导致设备运行温度升高，进而影响设备的可靠性和使用寿命。同时，功率因数低还会增加设备的电力负荷，使设备运行状况不稳定，从而加速设备老化和损坏。

综上所述，应极力避免功率因数过低的问题。

（2）提高功率因数的方法

电路的功率因数低，往往是由于电路中的负载多数是功率因数较低的感性负载（如荧光灯、电动机、变压器等），感性负载的功率因数之所以低，是由于感性负载在工作时建立磁场需要消耗一定的无功功率。因此，为了提高交流电路的功率因数，可在感性负载两端并联适当的电容 C，如图 3.2.2a 所示。并联电容 C 以后，对于原电路所加的电压和负载参数均未改变，负载消耗的有功功率不变，但由于电容支路的电流 $\dot{I}_C$ 超前于电压 $\dot{U}90°$，$\dot{I}_C$ 的出现抵消了一部分 RL 支路中的感性电流，使电路的总电流 $\dot{I}$ 减小了，如图 3.2.2b 所示，电路的总电压 $\dot{U}$ 与总电流 $\dot{I}$ 之间的相位差也由原来的 φ 减小为 φ'。电路的功率因数，因在感性负载两端并联适当的电容 C 而提高。

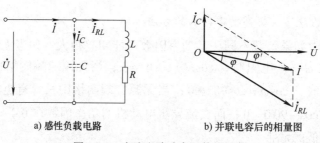

a) 感性负载电路　　　　　　　b) 并联电容后的相量图

图 3.2.2　交流电路功率因数的提高

4. 荧光灯电路及功率因数的提高

（1）荧光灯电路

荧光灯电路由灯管 R、镇流器（r，L）和辉光启动器 S 组成，如图 3.2.3a 所示。

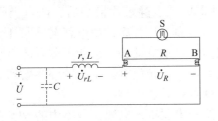

a) 荧光灯电路　　　　　　b) 并联电容后的相量图

图 3.2.3　荧光灯电路及功率因数的提高

灯管：荧光灯灯管是一根玻璃管，它的内壁均匀地涂有一层薄薄的荧光粉，灯管两端各有一个电极和一根灯丝。灯丝由钨丝制成，其上涂有易使电子发射的金属粉末，用以发射电子；两端电极交替起着阳极的作用，阳极是镍丝，焊在灯丝上，与灯丝具有相同的电位，其主要作用是当它具有正电位时吸收部分电子（即如图 3.2.3a 所示，若 A 端电位为正时，B 端发射电子，而 A 端吸收电子；若 B 端电位为正时，A 端发射电子，而 B 端吸收电子），以减少电子对灯丝的撞击；此外，它还具有帮助灯管点燃的作用。灯管内抽真空后充有一定的惰性气体（如氩气）与少量水银，在一定电压下，当管内产生辉光放电时，水银蒸气就会放射紫外线，这些紫外线照射到荧光粉上就会发出可见光。电路工作时，荧光灯灯管可以认为是阻性负载。

镇流器：镇流器是绕在硅钢片铁心上的电感线圈，在电路上与荧光灯灯管相串联。它有两个作用：一是在启动过程中，辉光启动器突然断开时，镇流器两端感应出一个足以击穿荧光灯灯管中气体的高电压，使灯管中气体电离而起燃。二是正常工作时，镇流器相当于电感器，与荧光灯灯管相串联产生一定的电压降，用以限制、稳定灯管的电流，这也是它被称为镇流器的原因。实验时，可以认为镇流器是由一个小电阻和一个电感串联组成的。不同功率的荧光灯灯管应配以相应的镇流器。

辉光启动器：辉光启动器是一个小型的玻璃辉光管，管内充有惰性气体（如氖气），并装有两个电极，一个电极连接固定的静触片，另一个电极连接双金属片制成的倒 "U" 形动触片，两电极上都焊接有触点，其结构如图 3.2.4 所示。倒 "U" 形动触片由两种热膨胀系数不同的金属制成，受热后，双金属片伸张与静触片接触，冷却时又分开。所以辉光启动器的作用是使电路接通和自动断开，即起到自动开关的作用。为了避免辉光启动器断开时产生火花，将触点烧毁或对附近无线电设备干扰，通常在两电极间并联一个极小容量的电容器。

图 3.2.4　辉光启动器的结构

荧光灯点亮过程如下：

当荧光灯电路接通 220V 交流电源时，灯管尚未放电，辉光启动器的触片处在断开位置，电源电压通过镇流器和灯管两端的灯丝全部施加于辉光启动器两电极上，辉光启动器的两触片之间的气隙被击穿，发生辉光放电并发热，使倒 "U" 形动触片受热膨胀，由于内层金属的热膨胀系数大，双金属片受热后趋于伸直而与静触片接触，荧光灯灯管灯丝通过辉光启动器和镇流器构成通路，于是电流流过荧光灯灯管两端的灯丝，使灯丝通电预热而发射热电子。与此同时，由于辉光启动器中动、静触片接触后，两电极间的电压降为零，辉光放电停止，双金属片因冷却复原而与静触片分离，使电路突然断开。在双金属片冷却后断开的瞬间，镇流器两端感应出很高的自感电动势，它和电源电压串联加到荧光灯灯管的两端，使荧光灯灯管内水银蒸气电离产生弧光放电，发出紫外线射到灯管内壁，激发荧光粉发出近似日光的可见光，荧光灯就点亮了。

荧光灯灯管点亮后，镇流器和荧光灯灯管串联接入电源，电路中的电流在镇流器上产生较大的电压降（有一半以上电压），荧光灯灯管两端（也就是辉光启动器两端）的电压锐减（在 80V 左右），这个电压不足以引起辉光启动器氖管的辉光放电，但能够维持荧光灯灯管内的放电而持续发光。因此荧光灯点亮正常工作后，辉光启动器的两个触片保持断开状态，不再起作用，这时即使将辉光启动器从电路中拆除也不影响荧光灯正常发光。

（2）提高荧光灯电路功率因数

荧光灯电路在荧光灯点亮正常工作后，等效成 RL 串联电路，属感性负载，不仅从电源吸收有功功率，也吸收无功功率。由于镇流器的电感量大，所以功率因数很低，在 $0.5 \sim 0.6$。为改善线路的功率因数，需要在电源处并联一个适当大小的电容器，使镇流器所需的无功功率由电容器供给，如图 3.2.3a 中的 C 便是补偿电容器，用以改善电路的功率因数。如图 3.2.3b 所示为荧光灯感性负载电路并联不同电容后的相量图，当电容增加时，电容支路电流也随之增大，结果总电流随之减小。当电容量增加到一定值时，电容电流等于荧光灯支路电流中的无功分量，整个电路的功率因数角为 0，功率因数为 1，此时总电流下降到最小值，整个电路呈电阻性。若继续增加电容量，总电流反而增大，整个电路变为容性负载，功率因数反而下降，该现象被称为过补偿。

一般情况下很难做到完全补偿，即 $\cos\varphi = 1$，在功率因数角大小相同的情况下，补偿成容性要求使用的电容容量更大，经济上不合算，所以一般工作在欠补偿状态，即功率因数补偿成感性。补偿的电容量可按式（3.2.4）计算

$$C = \frac{P}{\omega U^2}(\tan\varphi - \tan\varphi') \tag{3.2.4}$$

式中，P 为荧光灯灯管的功率；U 为电源电压有效值；ω 为电源角频率；φ 为荧光灯原有电路的功率因数角；φ' 为补偿后电路的功率因数角。

3.2.4 实验仪器及设备

序号	名称	型号与规格	数量
1	自耦调压器	$0 \sim 220V$	1 台
2	交流电流表	$0 \sim 5A$	1 块
3	交流电压表	500V	1 块

（续）

序号	名称	型号与规格	数量
4	功率因数表		1 块
5	白炽灯	30W/220V	3 只
6	镇流器	与 30W 荧光灯灯管配用	1 个
7	辉光启动器	与 30W 荧光灯灯管配用	1 只
8	电容器	1μF、3.2μF、4.7μF	各 1 个
9	荧光灯灯管	30W	1 个
10	电流测试套件		3 个

3.2.5　实验内容

1. RC 串联电路电压三角形测量

1）用三只 220V/30W 的白炽灯泡和一只 4.7μF/450V 及一只 3.2μF/450V 电容器组成如图 3.2.5 所示的实测 RC 串联电路，所有支路开关处于断开状态。

2）经指导教师检查后，接通市电，将自耦调压器输出从零调至 220V。

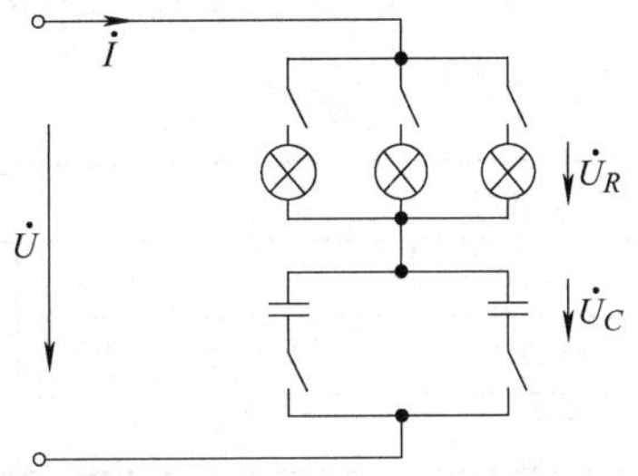

3）按表 3.2.1 中负载情况，改变亮灯只数（即改变 R）或电容 C 的值，重复测量并记录电源输出电压 U、白炽灯

图 3.2.5　实测 RC 串联电路

泡两端的电压 U_R 和电容器两端的电压 U_C 值于表 2.3.1 中相应位置，并检验三个电压值间是否满足三角形关系。

4）将自耦调压器调回到零，断开电源。

表 3.2.1　验证电压三角形关系数据

负载情况		测量值			计算值		
R（白炽灯）	C	U /V	U_R /V	U_C /V	$U' = \sqrt{U_R^2 + U_C^2}$	$\Delta U = U' - U$	$\varphi = \arctan(U_C / U_R)$
30W 3 只	4.7μF						
30W 2 只	4.7μF						
30W 1 只	3.2μF						

5）由测量的 U_R 和 U_C 值计算电源输出电压 U 的计算值 U' 及 $\dot{I}$ 与 $\dot{U}$ 的相位差 φ，根据测量和计算的各量数值绘制如图 3.2.1b 所示的电压向量图；检验改变电阻 R 或电容 C 时，$\dot{U}_R$ 的相量轨迹是否为以 $\dot{U}$ 为直径的上半圆，及 RC 串联电路是否具有移相功能。

2. 荧光灯电路接线与测量

1）按图 3.2.6 组成电路，经指导教师检查后接通市电交流电源。

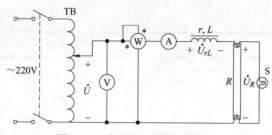

图 3.2.6　荧光灯电路接线与测量

2）调节 TB 自耦调压器的输出，使其输出电压缓慢增大，直到荧光灯刚启辉点亮为止（约在 170V 以上），此时电压值为荧光灯的启辉值，测量荧光灯的功率 P，电流 I，电压 U、U_{rL} 和 U_R 等值，并记录各数据于表 3.2.2 中"启辉状态"所在行的相应位置。

3）将电压调至 220V，重新测量并记录各数据于表 3.2.2 中"正常工作"所在行的相应位置。

4）将 TB 自耦调压器调回到零，断开电源。

5）计算镇流器等效电阻 r 和电路功率因数，验证电路电压、电流相量关系。

表 3.2.2　荧光灯电路的测量数据

荧光灯	测量值						计算值	
工作状态	U/V	I/A	P/W	U_R/V	U_{rL}/V	$\cos\varphi$	r/Ω	$\cos\varphi=P/(UI)$
启辉状态								
正常工作								

3. 荧光灯电路功率因数的改善

1）按图 3.2.7 组成实验线路，所有电容支路开关断开，经指导教师检查后，接通市电。

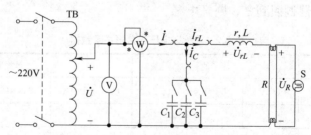

图 3.2.7　荧光灯电路功率因数改善电路图

2）将 TB 自耦调压器的输出从零调至 220V，荧光灯正常工作后，记录功率表、电压表读数，通过一块电流表和三个电流测试套件分别测得三条支路的电流，并记录到表 3.2.3 中电容值为 0 所在行的相应位置。

3）改变电容值，进行反复测量，将实验数据记录到表 3.2.3 中相应位置，观察电路中哪些数据变化，哪些不变，并以电容 C 的值为自变量绘制功率因数 $\cos\varphi$ 曲线，找出最佳补偿电容。

4）将 TB 自耦调压器调回到零，断开电源。

表 3.2.3　提高荧光灯电路功率因数数据

电容值	测量数值						计算值		
	P/W	U/V	I/A	I_{rL}/A	I_C/A	$\cos\varphi$	I'/A	$\Delta I = I' - I$	$\cos\varphi=P/(UI)$
0（断路）									
1μF									
3.2μF									
4.2μF									
4.7μF									
5.7μF									
8.9μF									

注：I 与 I_C 和 I_{rL} 的几何关系如图 3.2.2 所示相量图，I' 是 I 的计算值，可由余弦定理求得，即 $I' = \sqrt{I_C^2 + I_{rL}^2 - 2I_C I_{rL}\cos(90° - \varphi)}$，式中 φ 是在电路没有并联电容之前的功率因数角。

4. 串联电路功率和功率因数的测定

1）按照图 3.2.8 接线，经指导教师检查后，接通市电。

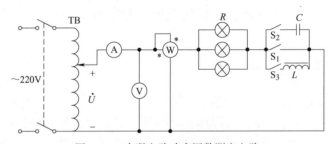

图 3.2.8　串联电路功率因数测定电路

2）将 TB 自耦调压器输出电压（线压）从零调到 220V，按表 3.2.4 所述开合闸。测量电路功率 P，电流 I，电压 U、U_R、U_L 或 U_C 等值，并记录各数据于表 3.2.4 中相应位置。

3）将 TB 自耦调压器调回到零，断开电源，拆除连线。

4）计算各种情况下电路的功率因数，并分析负载性质。

表 3.2.4　串联电路功率及功率因数测定数据

开关状态	测量数值						计算值	负载性质
	U/V	U_R/V	U_L 或 U_C	I/A	P/W	$\cos\varphi$	$\cos\varphi=P/(UI)$	
S_1 合，S_2、S_3 随意								
S_2 合，S_1、S_3 断								
S_3 合，S_1、S_2 断								
S_2、S_3 合，S_1 断								

3.2.6　注意事项

1）本实验所用电源为交流市电 220V，务必注意用电和人身安全；实验中接线、拆线、改换电路必须先断开电源，必须严格遵守"先接线、后通电""先断电、后拆线"的安全用电操作规程，严禁带电操作；接线后一定要复查；通电时尽量单手操作，不可用手直接触摸通电线路的裸露部分；注意电源的火线和地线，在实际安装荧光灯时，开关应接在火线上。

2）每次改接线路都必须先断开电源，接通电源之前，应先将自耦调压器旋钮置在零位，交流电源的输出电压应从零开始逐渐升高。每次改接实验线路或实验完毕，都必须先将其旋钮慢慢调回零位，再断开电源。

3）荧光灯灯管一定要与镇流器串联后接到电源上，不能将 220V 的交流电源不经过镇流器而直接接在灯管两端，否则将损坏灯管及实验设备。

4）荧光灯启动时，启动电流很大，为防止过大启动电流损坏电流表，电流表不能直接连接在电路中。实验时，荧光灯亮后，再接入电压表与电流表进行测量，电流表需使用电流测试套件接入电路。

5）功率表要正确接入电路，读数时要注意量程和实际读数的折算关系。

6）线路接线正确，荧光灯不能启辉或辉光启动器不亮时，不要急于乱找故障或盲目更换元器件，应先检查辉光启动器及其接触是否良好。

7）测量电流时要注意电流表量程的选取；为使测量准确，电压表量程不应频繁更换。

3.2.7　实验报告及问题讨论

1）回答本节预习内容中的思考题。

2）完成数据表格中的计算，进行必要的误差分析。并根据实验数据，分别绘出电压、电流相量图，验证相量形式的基尔霍夫定律。有效值表达式 $\sum I=0$、$\sum U=0$ 是否成立？瞬时值表达式 $\sum i=0$、$\sum u=0$ 是否成立？

3）若要使本实验中荧光灯电路完全补偿（也就是功率因数提高到 1），需要并联多大的电容？另根据实验数据，分析随着补偿电容容量的改变，哪些物理量不变，哪些物理量又随之改变，又如何变化？

4）感性负载并联电阻能否提高电路的功率因数？这种方法是否适用？为什么？

5）归纳、总结本次实验的收获与心得体会，包括实验中遇到的问题、处理问题的方法和结果。

3.3　三相交流电路的研究

3.3.1　实验目的

1）掌握三相交流电路中负载的星形联结和三角形联结的方法。

2）研究三相对称及不对称负载在星形联结和三角形联结时线电压与相电压、线电流与相电流之间的关系。

3）充分理解三相四线供电系统中中性线的作用。

4）掌握三相交流电路相序的测量方法。

3.3.2　预习内容

复习三相交流电路有关内容，熟悉三相电路中电源和负载星形联结、三角形联结的特点，三相负载两种不同联结方式下线电压与相电压、线电流与相电流之间的关系，三相对称负载和不对称负载的理论分析方法；了解中性线、相序等概念及其意义，特别注意中性线在不对称负载正常工作中的作用；预习实验内容，了解实验的基本方法和注意事项，了解线电压、相电压、线电流、相电流和中性线电流的测量方法及交流电压表和交流电流表的使用方法；思考并回答以下问题。

1）三相负载根据什么条件作星形或三角形联结？

2）试分析三相星形联结不对称负载在无中性线情况下，当某相负载开路或短路时会出现什么情况？如果接上中性线，情况又如何？

3）本次实验中为什么要通过三相自耦调压器将 380V 的线电压降为 220V 的线电压使用？

4）查阅相关资料，研究是否还有其他判定三相电源相序的方法？若有说明其原理。

3.3.3　实验原理

在三相电源对称的情况下，三相负载可以接成星形（丫）或三角形（△）。负载丫联结又有三相四线制（接中性线，称为 丫_0 制）和三相三线制（不接中性线，称为丫制）两种供电方式（如居民用电必须采用三相四线制供电，而三相电动机采用三相三线制供电），负载△联结只有三相三线制一种供电方式。在三相电路中电源的电压值一般是指线电压的有效值，如"三相 380V 电源"是指线电压 380V，其相电压为 220V；而"三相 220V 电源"则是指线电压 220V，其相电压为 127V。

1. 负载作星形（丫）联结

在三相电路负载作星形联结时，如图 3.3.1 所示，不论是三线制还是四线制，线电压（$\dot{U}_{AB}$、$\dot{U}_{BC}$、$\dot{U}_{CA}$）与相电压（$\dot{U}_{AO}$、$\dot{U}_{BO}$、$\dot{U}_{CO}$）之间的关系为

$$\dot{U}_{AB} = \dot{U}_{AO} - \dot{U}_{BO}$$

$$\dot{U}_{BC} = \dot{U}_{BO} - \dot{U}_{CO}$$

$$\dot{U}_{CA} = \dot{U}_{CO} - \dot{U}_{AO}$$

线电流与相电流之间的关系为 $\dot{I}_L = \dot{I}_P$。

（1）三相四线制

当采用三相四线制（丫_0）联结时，即在如

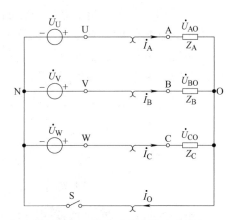

图 3.3.1　三相电路负载的星形联结

图 3.3.1 所示开关 S 闭合，有中性线的情况下，不论负载是否对称，其线电压（$\dot{U}_{AB}$、$\dot{U}_{BC}$、$\dot{U}_{CA}$）和相电压（$\dot{U}_{AO}$、$\dot{U}_{BO}$、$\dot{U}_{CO}$）都是对称的（对称即大小相等，相位互差 120°），并且线电压超前相应的相电压 30°，线电压有效值 U_L 是相电压有效值 U_P 的 $\sqrt{3}$ 倍，即 $U_L = \sqrt{3}U_P$。

中性线电流为 $\dot{I}_O = \dot{I}_A + \dot{I}_B + \dot{I}_C$。

当负载对称时，各相电流也对称，中性线电流为零，即 $\dot{I}_O = 0$，所以可以省去中性线。当负载不对称时，各相电流不再对称，中性线电流不为零，即 $\dot{I}_O \neq 0$，若此时拆掉中性线，则负载中性点 O 与电源中性点 N 之间有电压，负载的相电压不再对称，有的相电压偏高而有的相电压偏低，负载不能正常工作，甚至会造成损坏。因此，不对称三相负载星形联结必须采用三相四线制，这也是居民用电必须采用三相四线制供电的原因。

（2）三相三线制

当采用三相三线制联结时，即在如图 3.3.1 所示开关 S 断开，无中性线的情况下，负载对称时，$U_P = \dfrac{1}{\sqrt{3}}U_L$，中性点电压为零，即 $\dot{U}_O = 0$；负载不对称时，负载的三个相电压不再平衡，$U_P \neq \dfrac{1}{\sqrt{3}}U_L$，中性点电压不为零，即 $\dot{U}_O \neq 0$，中性点电压具体数值可由式（3.3.1）计算得出，各相电流也不对称，致使负载轻的那一相会因为相电压过高而遭受损坏，负载重的一相也会因为相电压过低而不能正常工作。所以，不对称三相负载作星形联结时，尤其是三相照明负载，必须采用三相四线制联结法，即 Y_0 制，而且中性线必须牢固连接，以保证三相不对称负载的每相电压维持对称不变。

三相三线制联结时中性点电压为

$$\dot{U}_O = \frac{\dfrac{\dot{U}_U}{Z_A} + \dfrac{\dot{U}_V}{Z_B} + \dfrac{\dot{U}_W}{Z_C}}{\dfrac{1}{Z_A} + \dfrac{1}{Z_B} + \dfrac{1}{Z_C}} \tag{3.3.1}$$

2. 负载作三角形（△）联结

当三相负载作三角形联结时，如图 3.3.2 所示，不论负载是否对称，只要电源的线电压对称，加在三相负载上的电压仍是对称的，负载的线电压与相电压之间的关系为 $\dot{U}_L = \dot{U}_P$。

负载的线电流与相电流之间的关系为

$$\dot{I}_U = \dot{I}_{AB} - \dot{I}_{CA}$$

$$\dot{I}_V = \dot{I}_{BC} - \dot{I}_{AB}$$

$$\dot{I}_W = \dot{I}_{CA} - \dot{I}_{BC}$$

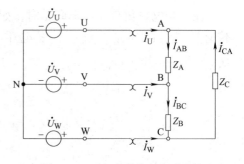

图 3.3.2 三相负载的三角形联结

负载对称时，其相电流也对称，线电流有效值 I_L 与相电流有效值 I_P 之间的关系为

$I_L = \sqrt{3} I_P$；若负载不对称时，线电流有效值与相电流有效值之间不再满足 $\sqrt{3}$ 倍关系，即 $I_L \neq \sqrt{3} I_P$。

3. 三相电源相序的判断

三相电源的各相电压经过同一量值（如最大值）的先后顺序，称为三相电压的相序。通常以三相电压按 U—V—W（或 V—W—U 或 W—U—V）的次序滞后的，称为正序或顺序；与此相反，若三相电压按 W—V—U（或 U—W—V 或 V—U—W）的次序滞后的，称为反序或逆序。三相电源相序的判断与相序控制，在工农业生产中具有重要意义。在实际工程应用中，三相电源相序连接正确与否直接涉及某些电气设备能否正常工作，如果在变电装置或实验室安装时误将电源相序接错，将会导致一些设备工作失常，甚至烧毁设备。因此在使用三相交流电前一定做好三相电源相序的判断工作。

在电压平衡的三相三线制系统中，若三相电源连接星形联结的不对称负载，会出现中性点位移电压。因此，三相电源的相序可根据中性点位移的原理用实验的方法来判断。图 3.3.3 所示电路即为根据中性点位移原理设计的判断三相电源相序的指示器电路，它是由一个电容器和两只额定功率相同的白炽灯连接成的无中性线星形不对称三相电路。选择适当电容器容量，可使两只额定功率相同的白炽灯的亮度有明显差别，从而确定三相电源相序。

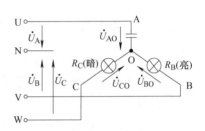

图 3.3.3　相序指示器电路

三相交流发电机发出三相交流电，通过线路传输连接到用户的负载上。三相电源的相序是相对的，表明了三相正弦交流电压到达最大值的先后次序。对于用户的一般三相负载来说，任意一相都可定为 A 相，确定 A 相后，另外两相则根据它们相角滞后的对应关系确定为 B 相和 C 相。

假定图 3.3.3 所示相序指示器电路中电容器所接的是 A 相，为分析问题简单，设 $X_C = R_B = R_C = R$，$\dot{U}_A = U \underline{/0°}$，对照图 3.3.1 可知图 3.3.3 中的 $\dot{U}_A$、$\dot{U}_B$ 和 $\dot{U}_C$ 分别对应图 3.3.1 中的 $\dot{U}_U$、$\dot{U}_V$ 和 $\dot{U}_W$，则由式（3.3.1）得出图 3.3.3 中的中性点电压 $\dot{U}_O$ 为

$$\dot{U}_O = \frac{\dfrac{\dot{U}_A}{Z_A} + \dfrac{\dot{U}_B}{Z_B} + \dfrac{\dot{U}_C}{Z_C}}{\dfrac{1}{Z_A} + \dfrac{1}{Z_B} + \dfrac{1}{Z_C}} = \frac{\dfrac{U\underline{/0°}}{-jR} + \dfrac{U\underline{/-120°}}{R} + \dfrac{U\underline{/120°}}{R}}{\dfrac{1}{-jR} + \dfrac{1}{R} + \dfrac{1}{R}} = U(-0.2 + j0.6)$$

则根据基尔霍夫电压定律可得

$$\dot{U}_{BO} = \dot{U}_B - \dot{U}_O = U\underline{/-120°} - U(-0.2 + j0.6) = U(-0.3 - j1.466) = 1.49U \underline{/-101.6°}$$

$$\dot{U}_{CO} = \dot{U}_C - \dot{U}_O = U\underline{/120°} - U(-0.2 + j0.6) = U(-0.3 + j0.266) = 0.4U \underline{/138.4°}$$

由于 $|\dot{U}_{BO}| > |\dot{U}_{CO}|$，所以 B 相所接入的白炽灯的灯光会比 C 相所接入的白炽灯的灯光更亮。所以可以依据白炽灯的亮暗程度做出相序的判断，即假设接电容器的一相为 A 相，接的是电源的 U 相，则白炽灯灯光较亮的一相为 B 相，该相接的是电源的 V 相；白炽灯

灯光较暗的一相即为 C 相，它接的是电源的 W 相。

3.3.4　实验仪器及设备

序号	名称	型号与规格	数量
1	交流电压表	0 ～ 500V	1 块
2	交流电流表	0 ～ 5A	1 块
3	万用表		1 块
4	三相自耦调压器	0 ～ 250V	1 台
5	三相灯组负载	220V/15W 白炽灯	9 只

3.3.5　实验内容

实验中三相负载采用并联灯泡组，为防止三相负载不对称而又无中性线时相电压过高而损坏灯泡，本实验采用"三相 220V 电源"，即线电压为 220V，可以通过三相自耦调压器来实现。

1. 三相负载星形联结（丫联结）

1）按图 3.3.4 连接实验电路，注意在中性线上串接电流测试插座。三相对称电源经三相自耦调压器接到三相灯组负载。

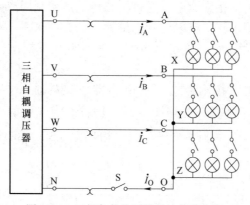

图 3.3.4　三相负载的星形联结实验电路

2）接通电源前，首先检查三相自耦调压器的旋钮是否置于输出为 0V 的位置（即逆时针旋到底的位置），经指导教师检查合格后，方可合上三相电源开关，然后缓慢调节三相自耦调压器的旋钮，使输出的三相线电压为 220V。

3）三相四线制星形联结。闭合中性线支路上的开关 S，按照表 3.3.1 中各相负载的开灯只数设置各相灯组负载的开关，其中"B 相断路"指 B 相开灯只数为 0，测量线电流、线电压、相电压和中性线电流，将数据记录到表 3.3.1 中相应位置，并观察各相灯组亮暗程度是否一致。

表 3.3.1　三相四线制 Y_0 联结数据

负载情况			测量数据									
开灯只数			线电流 /A			线电压 /V			相电压 /V			中性线电流 I_O /A
A 相	B 相	C 相	I_A	I_B	I_C	U_{AB}	U_{BC}	U_{CA}	U_{AO}	U_{BO}	U_{CO}	
15W×3	15W×3	15W×3										
15W×1	15W×2	15W×3										
15W×1	断路	15W×3										

4）三相三线制星形联结。断开中性线支路上的开关 S，按照表 3.3.2 中各相负载的开灯只数设置各相灯组负载的开关，其中"B 相短路"的电路如图 3.3.5 所示，接线时需要注意在该相串接电流测试插座，测量线电流、线电压、相电压和中性点电压，将数据记录到表 3.3.2 中相应位置，并观察各相灯组亮暗的变化情况，记录实验现象，说明原因。注意观察中性线的作用。

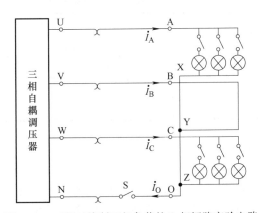

图 3.3.5　三相三线制三相负载的 B 相短路实验电路

表 3.3.2　三相三线制 Y 联结数据

负载情况			测量数据									
开灯只数			线电流 /A			线电压 /V			相电压 /V			中性点电压 U_O /V
A 相	B 相	C 相	I_A	I_B	I_C	U_{AB}	U_{BC}	U_{CA}	U_{AO}	U_{BO}	U_{CO}	
15W×3	15W×3	15W×3										
15W×1	15W×2	15W×3										
15W×1	断路	15W×3										
15W×1	短路	15W×3										

5）判断三相电源的相序。将 A 相负载换成 4.7μF 电容器，B、C 两相负载为相同额定功率的灯泡，根据灯泡的亮度判断所接电源的相序。

将电源线任意调换两相后再接入电路，观察两灯的明亮状态，判断三相交流电源的相序。

6）将三相自耦调压器调回到零，断开电源，拆除连线。

2. 三相三线制三角形联结（△联结）

1）按图 3.3.6 连接线路，接通电源前，首先检查三相自耦调压器的旋钮是否置于输出为 0V 的位置（即逆时针旋到底的位置），经指导教师检查合格后接通三相电源，并调节三相自耦调压器，使其输出线电压为 220V。

2）按照表 3.3.3 中各相负载的开灯只数设置各相灯组负载的开关，测量线电压、线电流和相电流，将数据记录到表 3.3.3 中相应位置，并观察各相灯组亮暗的变化情况，记录实验现象，说明原因。

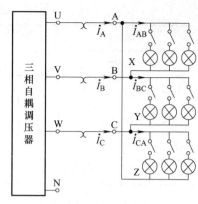

图 3.3.6　三相负载的△联结实验电路

3）将三相自耦调压器调回到零，断开电源，拆除连线。

表 3.3.3　三相负载的△联结数据

负载情况			测量数据								
开灯只数			线电压 /V			线电流 /A			相电流 /A		
A–B 相	B–C 相	C–A 相	U_{AB}	U_{BC}	U_{CA}	I_A	I_B	I_C	I_{AB}	I_{BC}	I_{CA}
15W×3	15W×3	15W×3									
15W×1	15W×2	15W×3									

3.3.6　注意事项

1）本实验电源采用线电压为 380V 的三相交流电源，经三相自耦调压器输出为 220V。实验时要注意人身安全，严禁用身体的任何部位接触带电的金属裸露部分，防止意外事故发生。

2）每次接线完毕，同组同学应自查一遍，待指导教师确认正确无误后方可接通电源。实验中必须严格遵守"先接线、后通电""先断电、后拆线"的安全实验操作规则。

3）每次实验完毕，均需将三相自耦调压器旋钮调回零位，再断开电源；每次改接线路都必须先断开三相电源，接通三相电源之前，应先将三相自耦调压器旋钮置在零位，交流电源的输出电压应从零开始逐渐升高。

4）星形负载作短路实验时，必须首先断开中性线，以免发生短路事故。

5）负载三角形联结时注意在线路中串接电流测试插座。

3.3.7　实验报告及问题讨论

1）回答本节预习内容中的思考题。

2）在三相四线制的实验电路中，如果将中性线与一条相线接反了，将出现什么现象？为什么？

3）不对称三角形联结的负载，能否正常工作？实验是否能证明这一点？

4）相序的判断与电容器和白炽灯的参数大小有关吗?

5）根据不对称负载三角形联结时的相电流值作相量图，并由相量图求出线电流的值，然后与实验测得的线电流作比较。

6）归纳、总结本次实验的收获与心得体会，包括实验中遇到的问题、处理问题的方法和结果。

3.4　三相电路功率的测量

3.4.1　实验目的

1）掌握用三表法、二表法测量三相电路有功功率与无功功率的方法。

2）熟练掌握单相功率表的接线和使用方法。

3.4.2　预习内容

复习教材中关于三相电路功率部分的内容，了解有功功率和无功功率的概念及其意义；预习实验内容，了解实验的基本方法和注意事项；了解有功功率、无功功率和电能的测量方法，二表法测量三相电路有功功率的原理，三表法测量三相对称负载无功功率的原理以及功率表的使用方法；思考并回答以下问题。

1）测量功率时为什么在线路中通常都接有电流表和电压表?

2）二表法测量功率在什么情况下会出现负值? 为什么?

3）三表法测量功率会不会出现负值? 为什么?

4）与二表法相比较，三表法有什么优点?

3.4.3　实验原理

1. 三相交流电路

所谓三相交流电路是指由三个频率相同、最大值（或有效值）相等、在相位上互差120°角的单相交流电动势组成的电路。三相交流电动势由三相交流发电机产生，其波形图和相量图分别如图 3.4.1a 和 b 所示。从图中可以看出，三相交流电动势在任一瞬间，其三个电动势的代数和为零，三相正弦交流电动势的相量和也等于零。把它们称作三相对称电动势，规定每相电动势的正方向是从线圈的末端指向首端（或由低电位指向高电位）。三相交流发电机实际有三个线圈，六个接线端，目前采用的是将这三相交流电按照一定的方式，连接成一个整体向外送电。连接的方法通常为星形（Y）和三角形（△），如图 3.4.2 所示。

电力系统的负载根据使用方法的不同分成两类，一类是像电灯这样有两根线的，叫作单相负载；还有一类是像三相电动机那样有三个接线端的负载，叫作三相负载。在三相负载中，如果每相负载的电阻均相等，电抗也相等，则称为三相对称负载；如果各相负载不同，就是三相不对称负载，如三相照明电路中的负载。负载也和电源一样可以采用星形（Y）联结和三角形（△）联结两种不同的连接方法。结合电源的三角形（△）和星形（Y）两种连接方式，由负载和电源组成三相交流电路的连接方式有如下五种：电源Y—负载丫（有中性线和无中性线两种），电源丫—负载△，电源△—负载丫，电源△—负载△。五种连接方式中只有"有中性线的电源丫—负载丫"，即丫$_0$这一种连接方式为三相四线制系统，其他四种连接方式均为三相三线制系统。

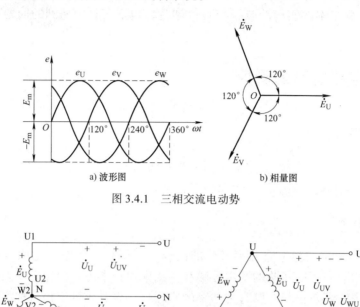

图 3.4.1 三相交流电动势

a) 有中性线的星形(丫)联结　　b) 三角形(△)联结

图 3.4.2 三相电源的连接

2. 单相功率表

根据电动系单相功率表的基本原理，在测量交流电路中负载所消耗的有功功率（见图 3.4.3）时，功率表的示值 P 决定于功率表电压线圈或电压端跨接的电压 U、流过功率表电流线圈或电流端的电流 I，以及二者之间的相位差 φ，即 $P = UI\cos\varphi$。

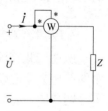

单相功率表的结构、接线与使用详见 3.1 节 3.1.3 中的内容 3。

单相功率表也可以用来测量三相电路的功率，只是各功率表应采取适当的接法。

图 3.4.3 单相功率表测有功功率

3. 三相有功功率的测量

根据负载连接方式的不同，三相电路有功功率可以采用三表法（或一表法）、二表法来测量。

（1）三表法（或一表法）

对于三相四线制供电的星形（丫）联结三相负载（即丫$_0$联结），不论负载是否对称，三相负载所吸收的总有功功率等于每相负载所吸收的有功功率之和，所以可用三块单相功率表同时测量各相负载的有功功率 P_A、P_B、P_C，或用一块单相功率表先后测量各相负载

的有功功率 P_A、P_B、P_C，三相功率之和（$P = P_A + P_B + P_C$）即为三相负载的总有功功率值。所谓的一表法就是用一块单相功率表去分别测量各相的有功功率。

实验线路如图 3.4.4 所示，图中三块单相功率表的接法分别为 (i_A, U_A)、(i_B, U_B) 和 (i_C, U_C)，功率表的电压线圈和电流线圈分别承受的是负载的相电压和相电流，三块表的读数均有明确的物理意义，即 P_A、P_B、P_C 分别表示 A 相、B 相和 C 相负载各自吸收的平均功率。其连接特点为每一块单相功率表的电流线圈（端）串接在每一相负载中，其极性端（*I）接在靠近电源侧；而电压线圈（端）的极性端（*U）各自接在电流线圈的极性端（*I）上，电压线圈（端）的非极性端均接到中性线 N 上。若三相负载是对称的，三个单相功率相等，则只需测量一相的功率即可，该相功率乘以 3 即得三相总的有功功率。

实际上，三表法测三相功率不止如图 3.4.4 所示
的一种接线方式，另外还有共 A、共 B、共 C 三种接线方式（图 3.4.4 中的接法可称作共 N 接法）。对应每一种接线中三块表读数的代数和均表示三相负载吸收的总功率。

三表法需要将负载的相电压和相电流输入功率表，而一般对称负载通常为一个封闭的整体（如三相交流电动机），使得三表法无法使用。

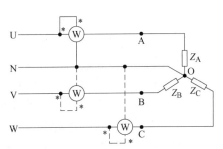

图 3.4.4　三表法测 Y_0 联结负载的有功功率

（2）二表法

对于三相三线制供电系统，不论负载是星形联
结还是三角形联结，也不论其是否对称，都可按如图 3.4.5 所示的电路采用两块单相功率表测量三相负载的总有功功率。图中两表以 C 相为基准相，分别测量另外两相（A相和 B 相）相对于基准相 C 相的相对功率，即两功率表测量的是 A 相线电流与 A、C 两相间的线电压 (I_A, U_{AC}) 和 B 相线电流与 B、C 两相间的线电压 (I_B, U_{BC})。所以，$P_1 = U_{AC} I_A \cos \varphi_1$，$P_2 = U_{BC} I_B \cos \varphi_2$，其中 φ_1、φ_2 为相应的线电流对相应的线电压的相位差。利用功率的瞬时表达式不难证明，三相电路总有功功率 P 是两块单相功率表读数 P_1 和 P_2 的代数和。下面以对称负载星形联结为例，加以证明。

对称负载星形联结电压、电流相量图如图 3.4.6 所示，由图可看出：$\varphi_1 = 30° - \varphi$，$\varphi_2 = 30° + \varphi$（$\varphi$ 为相电流对相电压的相位差），由于负载是对称的，则 $U_{AC} = U_{BC} = U_L$，$I_A = I_B = I_L$，其中 U_L 和 I_L 分别为线电压和线电流。则图 3.4.5 中两表读数之和 $P_1 + P_2 = U_L I_L [\cos(30° - \varphi) + \cos(30° + \varphi)] = \sqrt{3} U_L I_L \cos \varphi$，即为三相负载的总有功功率，但单块功率表的读数并无物理意义。若负载为感性或容性，且当相位差 $\varphi > 60°$，即负载的功率因数 $\lambda = \cos \varphi$ 小于 0.5 时，线路中的一块单相功率表指针将反偏（对于数字式功率表将出现负读数，直接读取即可），这时应将单相功率表电压线圈的两个端子调换，或通过功率表的转换旋钮倒换，而读数应记为负值。

二表法适用于对称或不对称的三相三线制电路，因为对称的三相四线制电路的中性线内没有电流流过，所以也可以采用二表法，但二表法不适用于不对称四线制电路。

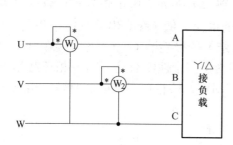

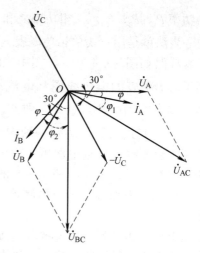

图 3.4.5　二表法测 丫 / △联结负载的有功功率　　　　图 3.4.6　丫联结对称负载电压、电流相量图

图 3.4.5 是二表法的一种接线方式，另外还有共 A 和共 B 两种接线方式（图 3.4.5 中的接法可称作共 C 接法），一般的接线原则如下：

1）两块功率表的电流线圈（端）分别串接于任意两相火线，电流线圈（端）的极性端（＊号端）必须接在电源侧。

2）两块功率表电压线圈（端）的极性端（＊号端）必须各自接到电流线圈（端）的极性端（＊号端），而两块功率表电压线圈（端）的非极性端必须同时接到没有接入功率表电流线圈（端）的第三相火线上。

在对称三相电路中，两块单相功率表的读数与负载的功率因数之间有如下关系：

负载为纯电阻（即功率因数等于 1）时，两块功率表的读数相等。

负载的功率因数大于 0.5 时，两块功率表的读数均为正。

负载的功率因数等于 0.5 时，其中一块功率表的读数为零。

负载的功率因数小于 0.5 时，其中一块功率表的指针会反向偏转（对于数字式功率表将出现负读数，直接读取即可），为了读数，应把该功率表的电压线圈的两个端钮接线互换，或通过功率表的转换旋钮倒换，使指针正向偏转，但读数取负值。

二表法测量三相总功率的方法不仅功率表的接线方便，而且测量次数少，实际应用中大都采用此法。

4.三相无功功率的测量

（1）对称三相负载无功功率的测量

对于三相三线制对称负载系统，可用以下三种方法测量其无功功率。

1）一表跨相法。用一块单相功率表测得三相负载的总无功功率 Q，测试原理线路如图 3.4.7 所示，即将功率表的电流线圈串入任一相线中（如 A 相），电压线圈则跨接到另外两相上（简称跨相），电压线圈（端）的极性端（＊号端）接在按正相序的下一相（B 相）上，非极性端接在再下一相（C 相）上。

图 3.4.7 中测量的是 A 相的线电流 I_A 与 B、C 两相间的线电压 U_{BC}，I_A 对 U_{BC} 的相位差为 $\theta = 90° - \varphi$（容性负载为 $\theta = 90° + \varphi$）。单相功率表的读数 $P = U_{BC}I_A \cos\theta = \pm U_L I_L \sin\varphi$。

由无功功率的定义 $Q = \sqrt{3}U_L I_L \sin\varphi$ 可知 $Q = \sqrt{3}P$，即对称三相负载总的无功功率为图示单相功率表读数的 $\sqrt{3}$ 倍。当负载为感性时，功率表正向偏转；负载为容性时，功率表反向偏转（对于数字式功率表将出现负读数，直接读取即可），此时应把功率表电压线圈的接头对调，或通过功率表的转换旋钮倒换，并把读数记为负值。

除了图 3.4.7 给出的一种连接法 (I_A, U_{BC}) 外，还可以有另外两种连接法——将功率表的电流线圈（端）串接于任一火线，而电压线圈（端）跨接到另外两相火线之间，即接成 (I_B, U_{CA}) 或 (I_C, U_{AB})。

2）二表跨相法。接法同一表跨相法，只是接完一块表后，另一块表的电流线圈（端）要接在另外两条中任一条相线中，其电压线圈（端）接法同一表跨相法，如图 3.4.8 所示为二表跨相法的一种接法。将两块功率表的读数之和乘以 $\sqrt{3}/2$ 即得三相电路的无功功率 Q。

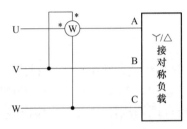
图 3.4.7　一表跨相法测三相无功功率

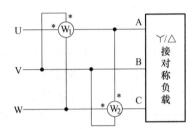
图 3.4.8　二表跨相法测三相无功功率

在供电系统不够对称的情况下，"二表跨相法"比"一表跨相法"测无功功率的误差小。

3）二表法。用测量有功功率的二表法计算三相无功功率：按计算式 $Q = \sqrt{3}(P_2 - P_1)$ 算出。

（2）不对称三相负载的无功功率测量

对于三相三线制不对称负载系统，可用三表跨相法测量不对称三相负载无功功率，具体如下。

三表跨相法：三块功率表的电流回路分别串入三个相线中（A、B、C 线），电压回路接法同一表跨相法，如图 3.4.9 所示。最后按计算式 $Q = (P_1 + P_2 + P_3)/\sqrt{3}$ 算出。

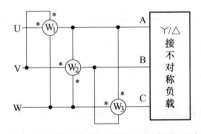
图 3.4.9　三表跨相法测不对称三相负载无功功率

三表跨相法也可适用于三相四线制电路。

3.4.4 实验仪器及设备

序号	名称	型号与规格	数量
1	交流电压表	500V	1块
2	交流电流表	5A	1块
3	单相功率表		1块
4	万用表		1块
5	三相自耦调压器		1台
6	三相灯组负载	220V/25W 白炽灯	9只
7	三相电容负载	1μF/400V、2.2μF/400V、4.7μF/400V	各3个

3.4.5 实验内容

1. 三表法测 Y_0 联结三相负载的有功功率

1）按图 3.4.4 所示电路接线，每相负载由白炽灯并联而成，并由开关控制其接入。

2）接通电源前，三相自耦调压器的旋钮应置于输出电压为 0（逆时针旋到底）的位置，经指导教师检查后，接通三相电源，调节三相自耦调压器输出，使输出线电压为 110V。

3）用交流电流表和电压表来监视三相电压和电流，不要超过单相功率表电压线圈和电流线圈的量程。

4）按表 3.4.1 的测量内容进行测量，将测量数据及计算结果记录到表 3.4.1 中相应位置。

注意：每次测量完毕后断开电源，三相自耦调压器的旋钮应置于输出电压为 0 的位置。

5）将三相自耦调压器调回到零，断开电源，拆除连线。

表 3.4.1　三表法测 Y_0 联结负载有功功率数据

负载情况	开灯只数			测量数据			计算值
	A相	B相	C相	P_A/W	P_B/W	P_C/W	P/W
Y_0 联结对称负载	3只	3只	3只				
Y_0 联结不对称负载	1只	2只	3只				

2. 二表法测三相三线制三相负载的有功功率

1）按图 3.4.5 所示接线，每相负载由白炽灯并联而成，并由开关控制其接入，将三相灯组负载接成 Y 联结。

2）接通电源前，三相自耦调压器的旋钮应置于输出电压为 0（逆时针旋到底）的位置，经指导教师检查后，接通三相电源，调节三相自耦调压器的输出线电压为 110V。

3）用交流电流表和电压表来监视三相电压和电流，不要超过单相功率表电压线圈和电流线圈的量程。

4）按表 3.4.2 的测量内容进行测量，将测量数据及计算结果记录到表 3.4.2 中相应位置。

注意：丫联结负载不对称时，负载轻的一相的相电压会过高，使负载遭受损坏，负载重的一相的相电压又过低，使负载不能正常工作，因此注意时间不能过长；每次测量完毕后断开电源，三相自耦调压器的旋钮应置于输出电压为 0 的位置。

5）将三相灯组负载改成△联结，按表 3.4.2 的测量内容进行测量，将测量数据及计算结果记录到表 3.4.2 中相应位置。

注意：每次测量完毕后断开电源，三相自耦调压器的旋钮应置于输出电压为 0 的位置。

6）将三相自耦调压器调回到零，断开电源，拆除连线。

表 3.4.2 二表法测三相负载有功功率数据

负载情况	开灯只数			测量数据		计算值
	A 相	B 相	C 相	P_1 /W	P_2 /W	P/W ($P = P_1 + P_2$)
丫联结对称负载	3 只	3 只	3 只			
丫联结不对称负载	1 只	2 只	3 只			
△联结不对称负载	1 只	2 只	3 只			
△联结对称负载	3 只	3 只	3 只			

3. 测定三相对称负载的无功功率

（1）一表跨相法

1）按图 3.4.7 所示的电路接线，每相负载由白炽灯和电容器并联而成，并由开关控制其接入，负载丫联结或△联结均可。

2）接通电源前，三相自耦调压器的旋钮应置于输出电压为 0（逆时针旋到底）的位置，经指导教师检查后，接通三相电源，将三相自耦调压器的输出线电压调到 110V。

3）用交流电流表和电压表来监测三相电压和电流，不要超过单相功率表电压线圈和电流线圈的量程。

4）按表 3.4.3 的测量内容进行测量，读取单相功率表的示数 P，并计算无功功率 Q，将测量数据及计算结果记录到表 3.4.3 中相应位置。

注意：每次测量完毕后断开电源，三相自耦调压器的旋钮应置于输出电压为 0 的位置；如果电路中有电容负载，应在断开电源后，将电容放电。

5）将三相自耦调压器调回到零，断开电源，拆除连线。

（2）二表跨相法

1）在一表跨相法基础上，按图 3.4.8 所示的电路添加另一块单相功率表。

2）接通电源前，三相自耦调压器的旋钮应置于输出电压为 0（逆时针旋到底）的位置，经指导教师检查后，接通三相电源，将三相自耦调压器的输出线电压调到 110V。

3）用交流电流表和电压表来监测三相电压和电流，不要超过单相功率表电压线圈和电流线圈的量程。

4）按表 3.4.3 的测量内容进行测量，读取两块单相功率表的示数 P_1 和 P_2，并计算无功功率 Q，将测量数据及计算结果记录到表 3.4.3 中相应位置。

注意：每次测量完毕后断开电源，三相自耦调压器的旋钮应置于输出电压为 0 的位置；如果电路中有电容负载，应在断开电源后，将电容放电。

5）将三相自耦调压器调回到零，断开电源，拆除连线。

表 3.4.3　跨相法测量三相对称负载无功功率数据

负载情况			测量值			计算值 Q/var	
A 相	B 相	C 相	一表跨相法	二表跨相法		$Q = \sqrt{3}P$	$Q = \sqrt{3}(P_2 + P_1)/2$
			P /W	P_1 /W	P_2 /W		
R：3 只灯	R：3 只灯	R：3 只灯					
C：2.2μF	C：2.2μF	C：2.2μF					
3 只灯 //	3 只灯 //	3 只灯 //					
C：2.2μF	C：2.2μF	C：2.2μF					

（3）二表法

1）将两块单相功率表按图 3.4.5 所示接入被测电路中，每相负载由白炽灯和电容器并联而成，并由开关控制其接入，将三相负载接成丫联结。

2）接通电源前，三相自耦调压器的旋钮应置于输出电压为 0（逆时针旋到底）的位置，经指导教师检查后，接通三相电源，调节三相自耦调压器的输出线电压为 110V。

3）用交流电流表和电压表来监测三相电压和电流，不要超过单相功率表电压线圈和电流线圈的量程。

4）用测量有功功率的二表法，按表 3.4.4 的测量内容进行测量，读取两块单相功率表示数 P_1 和 P_2，计算三相无功功率 Q 和有功功率 P，将测量数据及计算结果记录到表 3.4.4 中相应位置。

注意：每次测量完毕后断开电源，三相自耦调压器的旋钮应置于输出电压为 0 的位置；如果电路中有电容负载，应在断开电源后，将电容放电。

5）将三相自耦调压器调回到零，断开电源，拆除连线。

表 3.4.4　二表法测量对称三相负载无功功率数据

负载情况			测量值		计算值	
A 相	B 相	C 相	P_1 /W	P_2 /W	Q/var $[Q = \sqrt{3}(P_2 - P_1)]$	P/W $(P = P_1 + P_2)$
R：3 只灯	R：3 只灯	R：3 只灯				
C：2.2μF	C：2.2μF	C：2.2μF				
3 只灯 //	3 只灯 //	3 只灯 //				
C：2.2μF	C：2.2μF	C：2.2μF				

4. 三表跨相法测量不对称三相负载的无功功率

1）按图 3.4.9 所示电路接线，每相负载由白炽灯和电容器并联而成，并由开关控制其接入，负载丫联结或△联结均可。

2）接通电源前，三相自耦调压器的旋钮应置于输出电压为 0（逆时针旋到底）的位置，经指导教师检查后，接通三相电源，调节三相自耦调压器输出，使输出线电压为 110V。

3）用交流电流表和电压表来监测三相电压和电流，不要超过单相功率表电压线圈和电流线圈的量程。

4）按表 3.4.5 的测量内容进行测量，将测量数据及计算结果记录到表 3.4.5 中相应位置。表 3.4.5 中最后一项是对称三相负载，可与本节实验内容"3"中的各测量数据及计算结果比较。

注意： 丫联结负载不对称时，负载轻的一相的相电压会过高，使负载遭受损坏，负载重的一相的相电压又过低，使负载不能正常工作，因此注意时间不能过长；每次测量完毕后断开电源，三相自耦调压器的旋钮应置于输出电压为 0 的位置；如果电路中有电容负载，应在断开电源后，将电容放电。

5）将三相自耦调压器调回到零，断开电源，拆除连线。

表 3.4.5　三表跨相法测量不对称三相负载无功功率数据

负载情况			测量值			计算值 Q/var
A 相	B 相	C 相	P_1 /W	P_2 /W	P_3 /W	$Q = (P_1 + P_2 + P_3)/\sqrt{3}$
1 只灯	2 只灯	3 只灯				
C：2.2μF	3 只灯	3 只灯				
3 只灯 // C：2.2μF	3 只灯 // C：2.2μF	3 只灯 // C：2.2μF				

3.4.6　注意事项

1）本实验电源采用线电压为 380V 的三相交流电源，经三相自耦调压器输出为 110V。实验时要注意人身安全，严禁用身体的任何部位接触带电的金属裸露部分，防止意外事故发生。

2）每次接线完毕，同组同学应自查一遍，确认正确无误后方可接通电源。实验中必须严格遵守"先接线、后通电""先断电、后拆线"的安全实验操作规则。

3）每次实验完毕，均需将三相自耦调压器旋钮调回零位，再断开电源；每次改接线路都必须先断开三相电源，接通三相电源之前，应先将三相自耦调压器旋钮置在零位，交流电源的输出电压应从零开始逐渐升高。

4）如果电路中有电容负载，应在断开电源后，将电容放电。

5）测量功率时，功率表的电流线圈与电压线圈的"*"端应用导线短接。

6）由于电路中含有感性或容性负载，在通电或放电时，电路在暂态过程中会产生过电压和过电流，为保护测量仪表，在电路通电或断电时，电路中不允许接有测量仪表。

7）负载不对称时，负载较小的一相相电压会超过灯泡额定值，注意通电时间不能过长。

3.4.7　实验报告及问题讨论

1）回答本节预习内容中的思考题。

2）比较实验内容"1. 三表法测 Y_0 联结三相负载的有功功率"和"2. 二表法测三相三线制三相负载的有功功率"对三相负载有功功率测量的结果。

3）比较实验内容"3. 测定三相对称负载的无功功率"中一表跨相法、二表跨相法和二表法对负载无功功率测量的结果。

4）比较实验内容"3"和实验内容"4"中三相负载均为"3 只灯 $//C$：$2.2\mu F$"的无功功率测量的结果。

5）不对称三角形联结的负载，能否正常工作？实验是否能证明这一点？

6）归纳、总结本次实验的收获与心得体会，包括实验中遇到的问题、处理问题的方法和结果。

第 4 部分

电机实验

本部分通过实验的方法，以变压器、电动机和发电机为例，研究电机的工作原理和使用。

4.1 单相变压器实验

4.1.1 实验目的

1）了解单相变压器的铭牌数据及各项参数。
2）学会测定变压器绕组同名端的方法。
3）学会用变压器的空载实验和短路实验测铁损和铜损。
4）掌握测绘变压器空载特性和负载特性的方法。

4.1.2 预习内容

复习单相变压器的有关内容，熟悉单相变压器的基本结构及同名端的概念，理解变压器电压比、空载特性和负载特性的定义与物理意义；熟悉实验内容，了解实验的基本方法和注意事项，掌握单相变压器空载特性、短路特性和负载特性的测试方法；思考并回答以下问题。

1）开路实验、短路实验是在低压绕组侧加电压把变压器作为升压变压器使用，还是在高压绕组侧加电压把变压器作为降压变压器使用？为什么？为了减小测量误差，各仪表应该怎样接线？

2）短路实验时能否加额定电压？实验过程中应注意什么问题？

3）如何用实验方法测得变压器的铁损及铜损？

4.1.3 实验原理

变压器具有变换电压、电流和变换阻抗的作用，在电力系统和电子线路中应用广泛，是常用电气设备。变压器主要由铁心和两个耦合绕组（线圈）组成，一个绕组作为输入端口，接入电源后形成一个回路，称为一次绕组（或一次侧，旧称原边绕组）；另一绕组作为输出端口，接入负载后形成另一回路，称为二次绕组（或二次侧，旧称副边绕组）。一次绕组和二次绕组之间在电路上没有连接，当一次绕组外加交流电压后，由于一次、二次绕组之间的磁耦合作用，使得二次绕组产生交流电压。

1. 铭牌数据及参数

（1）铭牌数据

变压器的铭牌上一般标有以下数据：一次绕组的额定电压 U_{1N}、额定电流 I_{1N} 和短路电压 U_k，二次绕组的额定电压 U_{2N} 和额定电流 I_{2N}，额定容量、额定功率等。

变压器的额定容量即变压器的视在功率，一般以 V·A（伏安）为单位，它表示变压器能够带动的最大负载，可用二次绕组的额定电压和额定电流的乘积来计算。如果变压器有多个二次绕组，额定容量指这些二次绕组额定电压与额定电流乘积之和。

变压器的额定功率指变压器最大的有功功率，也就是变压器在额定容量下所能传输的最大功率，通常以 kW 为单位。

（2）参数及其计算

变压器参数包括：电压比，电流比，一次阻抗，二次阻抗，阻抗比，负载功率，损耗功率，功率因数，一次绕组铜损耗和二次绕组铜损耗、铁损耗等。

如图 4.1.1 所示为测量变压器参数的原理图，分别测出变压器一次侧的电压 U_1、电流 I_1、有功功率 P_1 及二次侧的电压 U_2 和电流 I_2，并用万用表测出一次侧、二次侧的电阻值 R_1 和 R_2，即可按表 4.1.1 中给出的公式计算变压器各参数值。

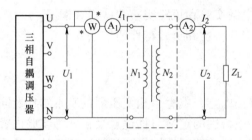

图 4.1.1　测量变压器参数的原理图

表 4.1.1　变压器各参数计算公式

电压比：$K_u = \dfrac{U_1}{U_2}$	电流比：$K_i = \dfrac{I_2}{I_1}$	
一次阻抗：$|Z_1| = \dfrac{U_1}{I_1}$	二次阻抗：$|Z_2| = \dfrac{U_2}{I_2}$	阻抗比：$K = \dfrac{|Z_1|}{|Z_2|}$
功率因数：$\cos\varphi_1 = \dfrac{P_1}{U_1 I_1}$	负载功率：$P_2 = U_2 I_2 \cos\varphi_2$	损耗功率：$P_0 = P_1 - P_2$　　效率：$\eta = \dfrac{P_2}{P_1} \times 100\%$
一次绕组铜损耗：$P_{Cu1} = I_1^2 R_1$	二次绕组铜损耗：$P_{Cu2} = I_2^2 R_2$	二次绕组铁损耗：$P_{Fe} = P_0 - (P_{Cu1} + P_{Cu2})$

注：表 4.1.1 中带角标 1 的电量为一次侧的电量，带角标 2 的电量为二次侧的电量。

2. 判定变压器绕组同名端的方法

当一台变压器的几个二次绕组需要串联或并联使用时，或有几台变压器需要串联或并联使用时，需首先判别各绕组的同名端。因为从同名端通入电流时，在同一铁心中产生的磁通是相互增强的，而从异名端通入电流时，在同一铁心中产生的磁通会相互抵消或削弱，其结果是空载电流增大，有可能将变压器烧毁。一般在变压器绕组上会标注同名端，但若绕组上同名端的标志不清楚时，可通过测量加以判别。假定 1、2 端为一个绕组的两个端点，3、4 端为另一个绕组的两个端点，则可以采用两种方法来判定绕组的同名端。

（1）交流法

选定 1、2 端绕组为一次绕组，且 1 端为始端，2 端为末端，如图 4.1.2 所示，用导线把 2 端与二次绕组的某一端（如 4 端）相连，在一次绕组内加一适当的交流电压 U_{12}（为测量安全起见，U_{12} 的取值应远低于绕组的额定电压值），测量二次绕组的电压 U_{34} 及一次、二次绕组另外两端点（1 端和 3 端）之间的电压 U_{13}，若结果为

$$U_{13} = U_{12} + U_{34} \tag{4.1.1}$$

则与 2 端相接的一端（4 端）应为二次绕组的始端，即端点 1 与端点 3 为异名端；反之若满足

$$U_{13} = |U_{12} - U_{34}| \tag{4.1.2}$$

则与 2 端相连的一端（4 端）是二次绕组的末端，即 1 端与 3 端为同名端。

（2）直流法

如图 4.1.3 所示，把变压器的 1、2 端绕组通过开关连接一个直流电源 U（U 取几伏电压即可，如用 1.5V 的干电池），3、4 端绕组接一块直流毫安表。闭合开关 S 的瞬间，观察模拟毫安表的指针偏转情况（或数字毫安表示数的正负情况），如果正偏（或示数为正），说明 1 端和 3 端为同名端；如果反偏（或示数为负），则说明 1 端和 3 端为异名端，1 端和 4 端为同名端。

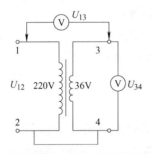

图 4.1.2　交流法判别变压器绕组端点的相对极性

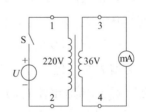

图 4.1.3　直流法判别变压器绕组端点的相对极性

3. 变压器的空载特性

变压器的空载特性指：二次侧空载时，一次侧空载电流 I_{10} 与一次侧电压 U_{10} 之间的关系特性，用特性曲线 $U_{10} = f(I_{10})$ 表示。铁心变压器是一个非线性元件，铁心中的磁感应强度 B 决定于外加电压的有效值。空载电流 I_{10} 与磁场强度 H 成正比，因此，铁心变压器空载特性曲线与铁心的磁化曲线（B–H 曲线）一致，如图 4.1.4 所示。

空载电流 I_{10} 是变压器的质量指标之一，其数值越小，铁心磁饱和程度越小，铁心发热就越小，变压器的空载功率损耗也越小。对于小型变压器，一般空载电流为额定电流的 10% ～ 20%。

变压器的空载实验可以测量用于产生磁通的空载电流 I_{10} 和空载损耗 P_0。为了便于测

量及安全起见，测试变压器空载特性时，通常把变压器作为升压变压器使用，在低压绕组侧加电压，把高压绕组作为二次绕组，如图 4.1.5 所示，将变压器二次绕组开路（即将负载灯泡的开关全部断开），一次绕组接至自耦调压器的输出端，加额定电压 $U_1 = U_{1N}$ 进行测量。因为空载时功率因数很低，所以测量功率时应使用低功率因数的功率表；此外，因为变压器空载时阻抗很大，所以电压表应接在电流表外侧。又因为二次绕组电流 $I_2 = 0$，空载电流 $I_1 = I_{10}$ 又很小，绕组上的铜损耗可以忽略不计，所以从功率表读出的功率 P_O 就是变压器的铁损耗 P_{Fe}（铁心中的损耗，包括磁滞损耗和涡流损耗）。

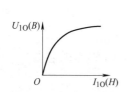

图 4.1.4　铁心变压器空载特性曲线

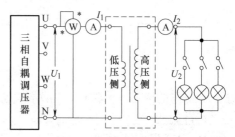

图 4.1.5　变压器的空载特性和负载特性测试原理图

4. 变压器的负载特性

当电源电压 U_1 和负载的功率因数 $\cos\varphi_2$ 为常数时，二次绕组电压 U_2 和负载电流 I_2 的变化关系称为变压器的外特性或负载特性，用特性曲线 $U_2 = f(I_2)$ 表示，如图 4.1.6 所示分别为容性负载、阻性负载和感性负载的外特性曲线。图中 U_{2O} 为二次侧空载时二次电压，I_{2N} 为二次电流额定值。从图中可以看出即使在一次绕组电压 U_1 不变的情况下，二次绕组电压 U_2 也将随负载电流 I_2 的增大而变化，对阻性负载和感性负载的外特性曲

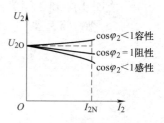

图 4.1.6　变压器负载特性曲线

线，二次电压 U_2 随负载电流 I_2 的增大而下降，但对于容性负载的外特性曲线，二次电压 U_2 随负载电流 I_2 的增大反而上升；另外，对于同样的负载电流，感性负载时 U_2 随 I_2 增加而下降的速率比阻性负载时的快，并且感性负载的功率因数越低，U_2 下降越快。

变压器负载特性变化的程度，通常用电压变化率 $\Delta U\%$ 来表示，它与变压器的匝数比、输入电压的变化、负载的变化、磁通的变化和铁心材料的特性有关，用于衡量变压器在单位时间内输出电压的变化量。变压器电压变化率受到多种因素的影响，包括变压器的设计特性、工作条件、负载特性等，例如，输入电压的不稳定性、负载的波动以及变压器的损耗等都会影响输出电压的稳定性和电压变化率。变压器的电压变化率为变压器二次绕组的空载电压 U_{2O} 和二次绕组在给定负载和功率因数时的电压之差与该绕组空载电压 U_{2O} 的比，通常用百分数表示，即 $\Delta U\% = \dfrac{U_{2O} - U_2}{U_{2O}} \times 100\%$。在实际应用中，变压器电压变化率通常受到一定的限制，特别是在对电压要求较高的设备中，如精密仪器、计算机等，对

电压的波动有严格要求。因此，设计和制造变压器时需要考虑电压变化率的控制，以满足这些应用的要求。

在图 4.1.5 所示线路中，将变压器二次绕组接入负载灯泡的开关闭合，就可以进行变压器的负载特性测试。为了满足负载灯泡额定电压为 220V 的要求，以变压器的 36V 低压绕组作为一次侧，220V 的高压绕组作为二次侧，即当作一台升压变压器使用。保持一次电压 $U_1 = 36V$ 不变时，逐次增加负载，测出对应的 U_2、I_2 和 I_1，即可绘出如图 4.1.6 所示的变压器负载特性曲线 $U_2 = f(I_2)$。

5. 变压器的短路特性

短路特性的测定方法与空载特性测定方法基本一致，不同的是将低压侧直接短路，在高压侧加降低了的电压，如图 4.1.7 所示。为避免电流过大，一次电压必须从 0 开始逐渐缓慢增加，使一次绕组电流在 $(0\sim1.3)I_{1N}$ 范围内变化，I_{1N} 为一次绕组电流额定值。当一次绕组电流为额定值 I_{1N} 时，电源所施加的电压称为短路电压，用 U_d 表示。U_d 的数值很小，只占额定电压 U_{1N} 的百分

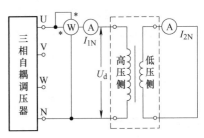

图 4.1.7　变压器短路特性测试原理图

之几（本实验变压器的 U_d 只有十几伏）。一般标注在变压器铭牌或产品说明书上的短路电压是用额定电压百分值表示的，即 $U_k = (U_d / U_{1N}) \times 100\%$。$U_k$ 是变压器的重要参数，反映变压器在额定负载时输出电压随负载变化的波动情况，U_k 越小则波动越小。

一次绕组电流为额定值 I_{1N} 时，由于一次绕组所加电压 U_d 比较小，铁心上的铁损耗可以忽略不计，此时功率表所测的短路损耗就是变压器的满载铜损耗 P_{CuN}，其大小关系到变压器的温升和效率。变压器的效率可以由变压器的输入功率 P_1 和输出功率 P_2（$P_2 = P_1 - P_{CuN} - P_{Fe}$）求得，即 $\eta = (P_2 / P_1) \times 100\%$。

利用短路实验还可以计算变压器的短路阻抗（$|Z_d| = U_d / I_{1N}$）、短路电阻（$R_d = P_{CuN} / I_{1N}^2$）和短路漏抗（$X_d = \sqrt{|Z_d|^2 - R_d^2}$）。

4.1.4　实验仪器及设备

序号	名称	型号与规格	数量
1	交流电压表	0 ～ 500V	1 块
2	交流电流表	0 ～ 5A	2 块
3	单相功率表	450V/5A	1 块
4	实验变压器	220V/36V/50V·A	1 台
5	自耦调压器	0 ～ 250V	1 台
6	白炽灯	220V/25W	5 只

4.1.5 实验内容

1. 用交流法判别变压器绕组的极性

1）按图 4.1.2 所示线路接线，将变压器一次、二次绕组的两个端点 2、4 端相连，一次绕组两端接自耦调压器输出端，另一绕组开路。

2）接通电源前，将自耦调压器的旋钮置于输出电压为零（逆时针旋到底）的位置，经指导教师检查后，接通电源，调节自耦调压器旋钮，使输出电压为低于其额定电压的一个电压（约 100V）。

3）用交流电压表分别测量一次绕组电压 U_{12}、二次绕组电压 U_{34} 和两绕组间电压 U_{13}，将测量数据记录到表 4.1.2 中相应位置。

4）测试完毕，将自耦调压器旋钮逆时针旋到底，置于输出电压为零的位置，关闭电源，拆除连线。

5）根据 U_{13}、U_{12} 和 U_{34} 的大小，判断其满足式（4.1.1）还是式（4.1.2），从而判别变压器绕组的极性。

表 4.1.2　变压器绕组的极性判别数据

测量值			极性关系
U_{12} /V	U_{34} /V	U_{13} /V	1 和 3

2. 空载实验

1）按图 4.1.5 所示线路接线，变压器作为升压变压器使用，电源经自耦调压器和功率表的电流线圈及电流表接至低压绕组，高压绕组接 220V/25W 的灯组负载（3 只灯泡并联获得），并将负载灯泡的开关全部断开。

2）将自耦调压器旋钮置于输出电压为零（逆时针旋到底）的位置，经指导教师检查后，接通电源，调节自耦调压器，使其输出电压等于变压器低压侧的额定电压 36V，测量一次绕组电流 I_{1O}、二次绕组电压 U_{2O} 和电路的功率 P_O（此时 P_O 即为变压器的铁损 P_{Fe}），将测量数据记录到表 4.1.3 中相应位置。

3）测试完毕，将自耦调压器旋钮逆时针旋到底，置于输出电压为零的位置，关闭电源。

4）根据测量数据，计算变压器变比 $K = U_{1N} / U_{2O}$ 和空载时的功率因数 $\cos\varphi_O = P_O / (U_{1N} I_{1O})$。

表 4.1.3　测变压器的铁损和变比数据

测量数据				计算数据	
U_{1N} /V	I_{1O} /A	U_{2O} /V	P_O /W	变比 K	功率因数 $\cos\varphi_O$
36					

5）确认自耦调压器处在零位后，合上电源，调节自耦调压器输出电压，使 U_{1O} 从零

逐次上升到 1.2 倍的额定电压（$1.2 \times 36\text{V}$），测量各 $U_{1\text{O}}$ 值对应的空载电流 $I_{1\text{O}}$、电路的功率 P_0 和二次绕组空载电压 $U_{2\text{O}}$，其中，$U_{1\text{O}} = U_{1\text{N}} = 36\text{V}$ 的点必须测量，该点附近可多测几组数据，将测量数据记录到表 4.1.4 中相应位置。

6）测试完毕，将自耦调压器旋钮逆时针旋到底，置于输出电压为零的位置，关闭电源。

7）根据测量数据，绘制变压器的空载特性曲线。

表 4.1.4　变压器的空载特性测试数据

$U_{1\text{O}}$ /V 参考值	0	10	18	25	30	34	35	36	37	38	43
$U_{1\text{O}}$ /V 实际值											
$I_{1\text{O}}$ /A											
P_0 /W											
$U_{2\text{O}}$ /V											

3. 负载实验

在变压器负载实验之前，可以用万用表欧姆挡测出变压器两绕组的电阻，用于计算铜损耗。

1）仍按图 4.1.5 所示线路接线，确认自耦调压器处在零位后，合上电源，调节自耦调压器输出电压，将低压侧电压 U_1 调到额定值 36V。

2）按照表 4.1.5 中所示开灯只数，逐次增加接入负载灯泡的只数，分别测量变压器一次绕组电压 U_1、电流 I_1、功率 P_1 和二次绕组电压 U_2、电流 I_2，将测量数据记录到表 4.1.5 中相应位置。

注意： 负载变化时，应调节自耦调压器的输出，始终保持一次电压 $U_1 = 36\text{V}$ 不变。

3）测试完毕，将自耦调压器旋钮逆时针旋到底，置于输出电压为零的位置，关闭电源，拆除连线。

4）根据测量数据和本节实验原理中表 4.1.1 的各公式，计算变压器的各项参数值，并根据测量数据绘制变压器的负载特性曲线。

表 4.1.5　变压器的负载实验数据

开灯只数	测量数据					计算数据						
	$U_{1\text{N}}$ /V	I_1 /A	P_1 /W	U_2 /V	I_2 /A	$\Delta U\%$	K_u	K_i	$|Z_1|$	$\cos\varphi_1$	P_0	η
0						—						
1												
2												
3												

4. 短路实验

1）按图 4.1.7 所示接好线路，变压器作为降压变压器使用。

2）检查自耦调压器的旋钮是否置于零位（自耦调压器的旋钮逆时针旋到底的位置），经确认后合上电源开关，将自耦调压器旋钮从零的位置开始慢慢升到一次绕组电流为额定值 $I_{1N}=0.25A$ 时为止。

3）记录一次绕组电压（即短路电压 U_d）和功率（即满载铜损 P_{CuN}）于表 4.1.6 中相应位置。

4）实验完毕，将自耦调压器调回零位，断开电源，拆除连线。

5）根据测量数据及本节实验原理中的公式，计算短路阻抗 $|Z_d|$、短路电阻 R_d 和短路漏抗 X_d，将计算结果记录到表 4.1.6 中相应位置。

注意： 由于短路实验容易引起绕组发热，因此，短路测试时间要短，操作过程要快。

表 4.1.6　变压器的短路实验数据

测量数据			计算数据		
I_{1N} /A	U_d /V	P_{CuN} /W	$|Z_d|=U_d/I_{1N}$	$R_d=P_{CuN}/I_{1N}^2$	$X_d=\sqrt{|Z_d|^2-R_d^2}$
0.25					

4.1.6　注意事项

1）空载实验和负载实验是将变压器作为升压变压器使用，低压侧加额定电压 36V；而短路实验是将变压器作为降压变压器使用，高压侧加额定电流 0.23A，使用自耦调压器时应首先调至零位，然后才可合上电源。

2）自耦调压器输出电压必须用电压表监测，防止被测变压器输出过高电压而损坏实验设备，且要注意安全，以防高压触电。

3）遇异常情况，应立即断开电源，待处理好故障后，再继续实验。

4）短路实验只需要很小的交流电压，做实验过程中调节自耦调压器旋钮时要缓慢，仔细观察电流表的读数，以免超过额定值。

4.1.7　实验报告及问题讨论

1）回答本节预习内容中的思考题。

2）完成各数据表格的测量计算，根据表 4.1.3 所测数据，绘出变压器的空载特性曲线。

3）根据额定负载时测得的数据，计算变压器的各项参数。

4）对于多绕组变压器，为什么在绕组串联或并联之前要测定其同名端？若极性接错会有什么后果？

5）总结分析本次实验的收获与体会，包括实验中遇到的问题、处理问题的方法和结果。

4.2　直流电动机

4.2.1　实验目的

1）学习并励直流电动机的连接方法及起动和调速方法。

2）掌握转速 n 与外加电压 U 和励磁电流 I_F（即磁通 Φ）的关系。

4.2.2　预习内容

复习教材中直流电动机相关内容，了解直流电动机的分类，理解直流电动机转动的原理，了解影响直流电动机转速的因素；预习本实验内容，掌握并励直流电动机起动方法和调速方法，了解实验的基本方法和注意事项；思考并回答以下问题。

1）并励直流电动机为什么不能直接起动？并励直流电动机起动时，励磁电流宜大还是宜小，为什么？

2）并励直流电动机起动时为什么要在电枢回路中串接起动变阻器？

3）并励直流电动机调速方法有几种？

4.2.3　实验原理

直流电动机是将电能转换为机械能的电动机，直流电动机具有较好的起动和调速性能。对起动和调速要求较高的生产机械，如电车、起重机和船舶上的生产机械，都使用直流电动机。微型直流电动机可供选择的转速范围宽，而且便于调速和稳速，在自动化仪器、计算机、医疗器械和家用电器等领域获得广泛应用。

直流电动机按照产生磁场的方式可分为电磁式和永磁式，电磁式直流电动机按励磁方式可分为他励、并励、串励和复励四类。本实验以并励直流电动机为例，研究外加电压 U 和励磁电流 I_F 对其起动和调速的影响和作用。

1. 并励直流电动机的起动

并励是励磁绕组与电枢绕组并联，励磁电压就是电枢两端的电压 U，如图 4.2.1 所示，其中，H_1、H_2 为直流电动机电枢绕组的两个端点，F_1、F_2 为直流电动机并励绕组的两个端点，U 为输入电压，E_A 为电动机反电动势，I_A 为电枢电流，I_F 为励磁电流，R_A 为电枢绕组电阻。根据电枢回路的电压平衡方程 $U = E_A + I_A R_A$，可得电枢电流 I_A 为

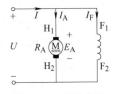

图 4.2.1　并励直流
电动机

$$I_A = \frac{U - E_A}{R_A} = \frac{U - C_E \Phi n}{R_A} \tag{4.2.1}$$

式中，$E_A = C_E \Phi n$；C_E 是与电动机结构有关的常数；Φ 为每极磁通；n 为转速。式（4.2.1）表明，电枢电流 I_A 随着转速 n 的升高而减小。当电动机起动时，电枢还未转动，即 $n=0$，此时电枢电流为最大值 U/R_A，称为起动电流，用专用符号 I_S 表示，即

$$I_S = U/R_A \tag{4.2.2}$$

由于电枢绕组电阻 R_A 很小，导致起动电流会很大，一般是额度电流的 $10 \sim 20$ 倍，这样大的电流有损坏电源和电动机的危险。因此，直流电动机不允许直接起动。

直流电动机的起动一般采用以下两种方法：

（1）电枢回路串电阻起动法

由式（4.2.2）可知，如果在电枢回路中串入一个可变电阻 R_S，称其为起动电阻或电枢回路调节电阻，则起动电流降为 $I_S = \dfrac{U}{R_A + R_S}$，这样可以避免出现过大的起动电流。当电动机起动后，转速逐渐升高，反电动势 $E_A = C_E \Phi n$ 不断增大，电枢电流 I_A 随之减小，此时可将起动电阻 R_S 逐步减小，直至全部撤出，电动机投入正常运转。

（2）减压起动法

由式（4.2.2）可以看出，在起动时，如果输入电压 U 很低，也可以避免出现过大的起动电流。起动之后逐渐升高电压，转速 n 逐渐升高，反电动势 $E_A = C_E \Phi n$ 也不断增大，电枢电流 I_A 会随之减小，电压 U 一直升至额定输入电压为止，电动机投入正常运转。

实验时两种起动方法可以单独使用，也可以采用两种方法相结合的方式起动，即既在电枢回路串联起动电阻，又用减压起动法。

2. 直流电动机的调速

有些生产机械的转速需要在一定范围内调节，使用直流电动机可以很好地满足这一要求。直流电动机的调速一般是在同一负载条件下，用人为的方法改变电动机的转速。由式（4.2.1）可得直流电动机的转速公式为

$$n = \frac{U - I_A R_A}{C_E \Phi} \tag{4.2.3}$$

由式（4.2.3）可以看出，转速 n 与电枢电阻 R_A、磁通 Φ 以及电源电压 U 都有关系，改变 R_A、Φ 或 U 的值都可改变电动机的转速。电枢电流 I_A 是受磁通 Φ、电磁转矩等共同制约的量，在分析具体的调速问题时，需要考虑 I_A 是否会发生变化及它对转速的影响。下面介绍实现调速的方法：

（1）磁场控制法

此法是在保持电源电压 U 和电枢电阻 R_A 不变的情况下，通过调节磁通 Φ 来改变转速。而磁通 Φ 与励磁电流 I_F 的大小成正比，因此，可以在励磁回路中串入一个可变电阻 R_F（称为磁场变阻器），如图 4.2.2 所示，通过调节磁场变阻器的值改变励磁电流 I_F 的大小，从而调节磁通 Φ 改变转速。图 4.2.2中，电枢电源 U_S 为可调直流稳压电源，其电压调节范围在 $0 \sim 240V$；R_A 为电枢绕组电阻，其值很小；R_S 为在电枢回路中串联的起动电阻。

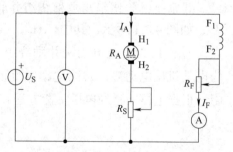

图 4.2.2　并励直流电动机调速电路

根据式（4.2.3），在电源电压 U 和电枢电阻 R_A 不变的情况下，通过增强励磁磁通 Φ，则转速 n 减小。图 4.2.2 中励磁回路中串联的可变电阻器 R_F 便起到改变励磁调节转速的功

能。当励磁可变电阻 R_F 增大时，磁通 Φ 减小。由于机械惯性，转速 n 不能立即改变，反电动势 $E_A = C_E \Phi n$ 随着 Φ 的减小而立即减小，由式（4.2.1）及 R_A 很小，可知电枢电流 I_A 大为增加，电磁转矩也立即增大，使得电磁转矩大于负载转矩，致使转速 n 上升。随着 n 的上升，反电动势 $E_A = C_E \Phi n$ 增大，又使电枢电流 I_A 和电磁转矩随之下降，直到进入新的稳定运行状态（电磁转矩等于负载转矩）为止，但此时转速已比初始时升高了，达到了调速的目的。

实际上要减少磁通来增加转速是容易做到的，但要增加磁通来降低转速不易做到，原因是受到磁通饱和、励磁回路电阻不能减少和电源电压不能超过额定值的限制。

（2）改变电源电压法

此法是在保持磁通 Φ 及电枢电阻 R_A 不变的情况下，通过调节加在电枢两端的电压来改变转速。磁通 Φ 不变，使电源电压 U 降低，由于机械惯性，转速 n 不会立即变化，反电动势 $E_A = C_E \Phi n$ 也暂时不变，于是根据式（4.2.1），I_A 减小，电磁转矩随 I_A 变小，使得电磁转矩小于负载转矩，致使转速 n 下降。随着 n 下降，反电动势 E_A 减小，电枢电流 I_A 和电磁转矩随之增大，直至恢复原值，但这时的转速已低于原来的转速，达到调速目的。

由于电源电压 U 不能高于直流电动机所需电压的额定值 U_N，从式（4.2.3）可以看出，使用改变电源电压法可以使直流电动机的转速降低，但无法使转速提高到额定转速以上。

（3）改变电枢电阻

从式（4.2.3）还可以看出：在保持电源电压 U 和励磁磁通 Φ 不变的情况下，改变电枢电阻 R_A（在电枢支路串联一个可变电阻）也能调节转速。

本实验观察磁通 Φ（励磁电流 I_F）和电源电压 U 对转速的影响。

4.2.4　实验仪器及设备

代号	名称	型号与规格	数量
U_A	智能交直流电压表	$0 \sim 500\text{V}$	1 块
I_F	智能交直流电流表	$0 \sim 1\text{A}$	1 块
R_a	可调电阻	$0 \sim 180\Omega$	2 个
R_F	磁场变阻器	$0 \sim 1800\Omega$	1 个
M	直流并励电动机		1 台
N	转速表		1 块
	电动机导轨		1 个

4.2.5　实验内容

1. 实验准备

实验线路如图 4.2.2 所示，电枢回路中串联的起动电阻 R_S 用阻值为 $0 \sim 90\Omega$ 可调电阻，励磁回路磁场调节电阻 R_F 用阻值为 $0 \sim 1800\Omega$ 可调电阻，电动机 M 选用直流并励电动机，将电动机 M 同轴安装在测功机上，用螺丝固定牢固。

2. 起动电动机

1）起动电动机前，在断电情况下将电枢电源调节到 0V 输出，将电枢回路中串联的起动电阻 R_S 调到最大，励磁回路磁场调节电阻 R_F 调到最小。

2）指导教师确认无误后，闭合电枢电源开关，缓慢调节电枢电源，使输出电压值为 220V，观察电动机起动直至运转平稳正常，将电枢回路中串联的起动电阻 R_S 调到零。

3. 改变励磁电流调速

测量额定电压 220V 下电动机转速与励磁电流的关系 $n = f(I_F)$。直流电动机正常运行后，在保证电动机端电压 220V 情况下，进行如下操作：

1）调节励磁回路磁场，调节电阻 R_F 的阻值，使其由零到大单方向变化，即逐次增加磁通 Φ（Φ 的大小由交流电流表指示），使励磁电流 I_F 每隔 0.01A 测一次转速 n。

注意：励磁电流最大不得超过 0.18A，这是直流电动机并励绕组的要求。

2）将所测得转速的数据记录到表 4.2.1 中，其中使电动机转速达到额定转速的励磁电流 I_F 称为额定励磁电流 I_{FN}。

表 4.2.1　励磁电流对电动机转速的影响（U =220V）

I_F /A 参考值	0.10	0.11	0.12	0.13	0.14	0.15	0.16
I_F /A 实测值							
n /（r/min）							

4. 改变电枢端电压调速

测量定值励磁电流情况下电动机的转速与电枢端电压的关系 $n = f(U)$。直流电动机正常运行后，在保证电动机励磁电流 0.1A 情况下，进行如下操作：

电源电压由 220V 逐渐下降，同时调节励磁变阻器 R_F，使励磁电流 I_F 固定在 0.1A 附近。每隔 20V 依次测量转速 n，并将数据记录到表 4.2.2 中。

表 4.2.2　电枢端电压对电动机转速的影响（I_F =0.1A）

U/V 参考值	220	200	180	160	140	120	100	80	60
U/V 实测值									
n /（r/min）									

4.2.6　注意事项

1）本实验系强电实验，连接线路或改接线路时都必须断开线路的供电电源，实验完毕必须遵守"先断电，后拆线"的原则。为了确保安全，接线或改接线路必须经指导教师检查后方可进行实验。

2）电动机起动时须将电枢起动电阻 R_S 放在阻值最大的位置（减小起动电流 I_S），同时必须把励磁回路调节电阻 R_F 放在阻值较小的位置（使励磁电流 I_F 最大），然后才能接通电枢电源，使电动机正常起动。起动后，将起动电阻 R_S 调回到零，使电动机正常工作。

3）电动机在运转时，电压和转速均很高，切勿触碰导电和转动部分，以免发生人身和设备事故。

4）电动机停机时，必须先将电枢电源电压调为零并切断电枢电源，同时必须将电枢起动电阻 R_S 调回到阻值最大的位置，励磁回路调节电阻 R_F 调回到最小值，为下次起动做好准备。

5）在改变电枢端电压调速的实验中，每次改变电枢电压都需要调节励磁变阻器，使励磁电流 I_F 保持在 0.1A 左右。

4.2.7　实验报告及问题讨论

1）回答本节预习内容中的思考题。

2）当电动机的负载转矩和励磁电流不变时，减小电枢端电压为什么会引起转速降低？

3）当电动机的负载转矩和电枢端电压不变时，减小励磁电流为什么会引起转速升高？

4）根据表 4.2.1 和表 4.2.2 中的测试数据，绘出并励直流电动机调速特性曲线 $n = f(I_F)$ 和 $n = f(U)$，写出得到的结论。

5）总结分析本次实验的收获和体会，包括实验中遇到的问题、处理问题的方法和结果。

4.3　直流发电机

4.3.1　实验目的

1）熟悉直流发电机并励的连接方法。
2）通过实验观察并励发电机的自励过程和自励条件。
3）掌握转速 n 一定时，端电压 U 与磁通 Φ 的关系。
4）掌握测量直流发电机的空载、负载和调整运行特性的实验方法。

4.3.2　预习内容

复习直流发电机有关内容，熟悉并励直流发电机的电压及电流平衡方程和自励过程；熟悉实验内容，了解并励直流发电机的空载特性和外特性，了解实验的基本方法和注意事项；思考并回答以下问题。

1）并励直流发电机的自励条件是什么？

2）测量并励直流发电机的空载特性，为什么要求单方向调节励磁变阻器?

3）并励直流发电机的端电压与哪些因素有关?

4.3.3 实验原理

一般直流电机既可用作电动机，又可用作发电机，是可逆的。直流发电机是把机械能转变为直流电能的电气设备，因此，它必须由外力（如柴油机或电动机等）拖动旋转。虽然在需要直流电的地方，也可用电力整流元件，把交流电转换成直流电，但从某些工作性能方面来看，交流整流电源还不能完全取代直流发电机。

1. 并励直流发电机的自励过程

并励直流发电机的示意图如图 4.3.1 所示，其中 M 为三相异步电动机，由它拖动并励直流发电机旋转，H_1、H_2 为直流发电机电枢绕组的两个端点，F_1、F_2 为直流发电机并励绕组的两个端点。并励直流发电机的特点是励磁电路与电枢电路并联，励磁电流 I_F 由发电机本身供给。发电机刚起动时，其电动势 $E_A = 0$，所以励磁电流 $I_F = 0$，电枢在三相异步电动机拖动下转动时，电枢绕组切割磁极剩磁磁力线产生剩磁电动势，在励磁绕组电路内产生一个很小的励磁电流 I_F。如果励磁电流 I_F 所产生的磁场方向与剩磁磁场方向相同，同时励磁电路电阻又不大，磁场就会得到加强。磁场的增强会使电枢电动势 E_A 随之增大，电枢电动势的增大又使励磁电流 I_F 增大，如此循环下去直至铁心磁饱和，使电枢电动势 E_A 稳定下来，这便是自励过程。

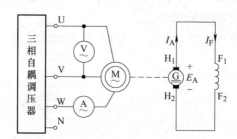

图 4.3.1　并励直流发电机示意图

综上所述，并励发电机要自励建立电压，必须同时满足三个条件：发电机要有剩磁；励磁电流所产生的磁场的方向必须与剩磁的方向相同；励磁电路电阻必须小于临界电阻。一般经常运行的电机都会有剩磁，所以当发电机的端电压建立不起来时，主要考查后两个条件是否满足。如果减小励磁回路电阻仍未建立起端电压，则要考虑改变励磁磁通的方向。要改变励磁电流所产生磁场的方向有两种方法，一是对调接到电枢绕组的两个励磁绕组的端头，二是改变电枢的旋转方向。

2. 并励直流发电机的空载特性

并励直流发电机的空载特性是指：并励直流发电机空载运行并且在额定转速 n_N 时，电枢电压 U_O 与励磁电流 I_F 的关系。调节并励直流发电机空载运行时电枢电压 U_O，也就是改变其感应电动势 E_A。并励直流发电机电动势 E_A 为

$$E_A = C_E \varPhi n \tag{4.3.1}$$

式中，C_E 为电动势常数；$\varPhi$ 为磁通；n 为转速。从式（4.3.1）可以看出，要改变感应电动势 E_A，可以通过改变发电机的转速 n 或是调节励磁电流 I_F 进而改变磁通 $\varPhi$ 来实现。因为空载特性要求发电机空载运行在额定转速 n_N，所以要测量并励直流发电机的空载特性，只能通过调节励磁电流 I_F 来实现感应电动势 E_A 的改变。据此，在励磁回路中串联一个可变电阻 R_F（称为磁场变阻器），通过调节磁场变阻器 R_F 的值改变励磁电流 I_F 的大小。

测量发电机的空载特性一般是在发电机未接入负载时，先断开其励磁支路，使励磁电流 I_F 为零，将转速 n 调到额定值 n_N，然后接通励磁支路调节磁场变阻器 R_F 增大励磁电流 I_F，使发电机空载电压 U_O 等于 1.2 倍直流发电机的额定电压 U_N 为止，此时的励磁电流 I_F 达到额定值 I_{FN}。在保持转速 n_N 不变的条件下，单方向调节磁场变阻器 R_F 的阻值，使励磁电流 I_F 逐次减小，测出相应的空载输出电压 U_O，直至 $I_F = 0$ 为止。

以上额定转速 n_N、额定电压 U_N 和额定励磁电流 I_{FN} 等值在电机的铭牌或说明书中有标注。

3. 并励直流发电机的外特性

直流发电机与负载的连接线路如图 4.3.2 所示，负载采用并联灯泡组。由图 4.3.2 分析可知，发电机在负载情况下运行时，其端电压即电枢绕组两端的电压为

$$U = E_A - I_A R_A \tag{4.3.2}$$

式中，E_A 为发电机的电动势；R_A 为电枢绕组的电阻；I_A 为通过它的电流。I_A 与并励绕组支路的电流即励磁电流 I_F 和发电机的输出电流即负载电流 I_L 的关系为

$$I_A = I_L + I_F \tag{4.3.3}$$

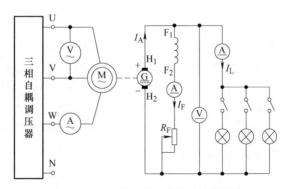

图 4.3.2　直流发电机与负载的连接线路

由式（4.3.1）～式（4.3.3）可得

$$U = C_E \varPhi n - (I_L + I_F) R_A \tag{4.3.4}$$

从式（4.3.4）可知，在转速 n 和励磁电流 I_F 保持额定值的条件下，发电机端电压 U 与其输出电流 I_L 有关。直流发电机的输出电压 U 与输出电流 I_L 的关系曲线，称为直流发

电机的外特性曲线或负载特性曲线，如图 4.3.3 所示。从图中可以看出，并励直流发电机的端电压 U 随负载电流 I_L 的增加而降低。

图 4.3.3　直流发电机负载特性曲线

4.3.4　实验仪器及设备

序号	名称	型号与规格	数量
1	智能交直流电压表	0 ～ 500V	2 块
2	智能交直流电流表	0 ～ 5A	1 块
3	智能交直流电流表	0 ～ 1A	1 块
4	磁场变阻器	0 ～ 1800Ω	1 个
5	直流并励发电机		1 台
6	三相笼型异步电动机		1 台
7	转速表		1 块
8	电动机导轨		1 个
9	三相负载	220V/25W 灯泡组	1 组

4.3.5　实验内容

本实验的直流发电机由三相异步电动机来拖动，二者同轴连接，三相异步电动机可采用 Y 联结（380V 电源）或 △ 联结（220V 电源）。三相异步电动机的转速在不接任何负载的情况下，近似为额定转速，当负载增加或减小时，异步电动机的转速会发生变化，但由于变动不大，可以认为转速不变（三相异步电动机的额定转速应大于直流发电机的额定转速）。直流发电机的磁场变阻器 R_F 采用 0 ～ 1800Ω 可变电阻器，负载选用并联灯泡组。

1. 观察并励直流发电机的自励过程

1）按图 4.3.2 所示接好直流发电机的线路，灯泡组负载处于开路状态，即断开灯泡组的开关，调节磁场变阻器 R_F 至最大位置。

2）在直流发电机励磁回路断开的情况下，三相异步电动机接通三相交流电源起动，通过转速表正、反向指示灯提示，观察电动机是否正转。如果反转，则需断电后改变三相电源接入异步电动机定子绕组的相序，然后再次起动。三相异步电动机拖动直流发电机正常运转后，用交直流两用电压表测量直流发电机电枢是否有剩磁电压。若无剩磁电压，可将电源切断，用干电池对电枢进行充磁。

3）将三相电源开关打到调压侧，逐渐减小直流发电机的磁场变阻器 R_F 的值，观测发电机电枢两端电压是否逐渐上升满足自励条件。

4）将三相异步电动机的转速降低或将直流发电机的磁场变阻器 R_F 阻值增大，用交直流两用电压表观测发电机是否能建立稳定的电压。

2. 并励直流发电机的空载特性

1）异步电动机起动正常后，用交流电压表监测调节三相自耦调压器输出，使三相异步电动机电源电压满足 丫 联结 380V 或 △ 联结 220V 的要求，使三相异步电动机的转速为发电机转速额定值 n_N，在表 4.3.1 中记录下额定转速 n_N，并在以下整个实验过程中始终保持此额定转速基本不变（该转速受拖动三相异步电动机转速的影响，可能会有差别）。

2）调节直流发电机磁场变阻器 R_F，使励磁电流 I_F 上升为额定值 $I_{FN} = 0.1A$。

3）在转速不变的情况下，单方向调节磁场变阻器 R_F，逐次减小发电机励磁电流 I_F，间隔 0.01A 左右，测量一次发电机的励磁电流 I_F 和空载电压 U_O，直到 $I_F = 0$ 为止（此时发电机电压为剩磁电压）。将励磁电流 I_F 和相应的空载输出电压 U_O 值记录到表 4.3.1 中相应位置。

4）根据表中数据，在坐标纸上绘制空载特性曲线 $U_O = f(I_F)$。

表 4.3.1　并励直流发电机的空载特性（$n = n_N = $　　　r/min）

I_F/A参考值	0.10	0.09	0.08	0.07	0.06	0.05	0.04	0.03	0.02	0.01	0
I_F/A实测值											
U_O/V											

3. 并励直流发电机的外特性

1）在空载的情况下，即 $I_L = 0$，调三相异步电动机电源电压满足 丫 联结 380V 或 △ 联结 220V 的要求，使得三相异步电动机转速为发电机额定转速 n_N 之后，调节直流发电机的励磁电流为额定值 $I_{FN} = 0.1A$。

2）在保持三相异步电动机的转速为发电机额定转速 n_N，并且直流发电机励磁电流 I_F 为额定值 $I_{FN} = 0.1A$ 条件下，逐次增多负载灯泡的只数，即增大负载电流 I_L，测出负载电流 I_L 和相应的端电压 U，并用交流电流表监测电路中三相异步电动机电流，直到三相异步电动机电流达到其额定电流，将测得数据记录到表 4.3.2 中相应位置。

3）实验完毕，关闭电源，拆除连线。

4）根据表中数据，在坐标纸上绘制负载特性曲线 $U = f(I_L)$。

表 4.3.2　并励直流发电机的外特性

I_L/A	0								
U/V									

4.3.6 注意事项

1）本实验系强电实验，接线前（包括改接线路）、实验后都必须断开实验线路的电源，特别是改接线路和拆线时必须遵守"先断电，后拆线"的原则。为了确保安全，接线或改接线路时必须经指导教师检查后方可进行实验。

2）测量励磁电流 I_F 和负载电流 I_L 时，一定要注意选择电流表的量程，励磁支路的电流表选择小量程的，负载支路的电流表选择大量程的。

3）在空载特性实验中，应单方向调节磁场变阻器使励磁电流逐渐减小。

4）在并励直流发电机负载特性实验中，负载变化过程中应始终保持并励直流发电机励磁电流 I_F 为 0.1A，由于负载变化会引起并励直流发电机电枢电压的变化，进而影响其励磁电流 I_F 的变化，所以每次增大负载灯泡的只数时，都需要调节直流发电机的磁场变阻器 R_F 才能保持励磁电流 I_F 始终不变。

4.3.7 实验报告及问题讨论

1）完成本次实验数据表格的测试。

2）根据测量数据在坐标纸上绘制空载和外特性曲线。

3）对于不同的特性曲线，在实验中哪些物理量应保持不变，而哪些物理量应测量？

4）并励发电机不能建立电压有哪些原因？

5）总结、归纳本次实验，写出本次实验的收获与体会，包括实验中遇到的问题、处理问题的方法和结果。

4.4 三相异步电动机的认识

4.4.1 实验目的

1）熟悉三相笼型异步电动机的结构和额定值。

2）学习检验异步电动机绝缘情况的方法。

3）学习三相异步电动机定子绕组始、末端的判别方法。

4）掌握三相笼型异步电动机的起动。

4.4.2 预习内容

复习三相交流异步电动机的相关内容，熟悉其构造和转动原理；熟悉实验内容，掌握检测三相交流异步电动机绝缘状态的方法，掌握三相笼型异步电动机的起动，了解实验的基本方法和注意事项；思考并回答以下问题。

1）如何判断异步电动机的六个引出线，如何连接成丫或△，又根据什么来确定该电动机作丫联结或△联结？

2）断相是三相电动机运行中的一大故障，在起动或运转时发生断相，会出现什么现象？有何后果？

4.4.3　实验原理

三相异步电动机是工农业生产中应用最广泛的电力拖动装置。本实验帮助学生加深理解异步电动机的工作原理和特性，掌握其使用方法。

1.三相笼型异步电动机的结构

异步电动机是基于电磁原理把交流电能转换为机械能的一种旋转电动机。

三相笼型异步电动机主要由定子和转子两大部分组成。定子主要由定子铁心、三相对称定子绕组和机座等组成，是电动机的静止部分。三相定子绕组一般有六根引出线，出线端装在机座外面的接线盒内，如图 4.4.1 所示。由于绕组的额定电压一定，根据三相电源电压的不同，三相定子绕组可以呈星形（丫）或三角形（△），然后与三相交流电源相连。

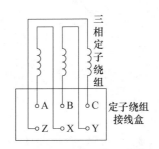

图 4.4.1　三相定子绕组接线盒

转子主要由转子铁心、转轴、笼式转子绕组和风扇等组成，是电动机的旋转部分。它用轴承支撑着，可在定子铁心内圆中间旋转。小容量笼型异步电动机的转子绕组大都采用铝浇铸而成，冷却方式一般都采用扇冷式。

机座是用来安装定子铁心和固定整个电动机的，机座两端各有一个端盖，端盖上有用来安放轴承的轴承孔。

2.三相笼型异步电动机的检查与判断

（1）电动机的绝缘检查

三相异步电动机的绝缘阻值有一定的要求，一般 380V、额定功率小于 100kW 的中小型三相异步电动机，至少应具有 0.5MΩ 的绝缘电阻。若绝缘电阻小于 0.5MΩ，说明三相异步电动机可能漏电，必须及时修复。绝缘磨损老化、受潮等原因会使三相异步电动机的绝缘阻值下降。当绝缘阻值下降到一定程度时会影响三相异步电动机的运行，还有可能危及操作者的人身安全，所以在安装和使用三相异步电动机之前，要使用兆欧表检查电动机绕组间及绕组与机壳之间的绝缘性能，以保障安全。

（2）电动机的绕组检查与判断

异步电动机三相定子绕组的六个出线端有三个首端和三个末端。一般首端标以 A、B、C，末端标以 X、Y、Z，在接线时如果没有按照首、末端的标记来接，则当电动机起动时磁势和电流就会不平衡，因而引起绕组发热、振动、噪声，甚至电动机不能起动，因过热而烧毁。由于某些原因定子绕组六个出线端标记无法辨认时，可以通过实验方法来判别其首、末端（即同名端）。方法如下：

用万用电表欧姆挡从三相异步电动机的六个出线端确定哪一对引出线属于同一绕组即同一相，同相绕组的电阻值通常为几欧到几百欧。分别找出三相绕组，并标以符号，如 A、X；B、Y；C、Z。

将三相绕组中的任意两相串联，如图 4.4.2 所示，在第三相绕组出线端施以单相低电压 $U=80 \sim 100V$，测出相串联两相绕组两端的电压，如测得的电压值有一定读数，表示两相绕组的末端与首端相连，如测得的电压近似为零，则两相绕组的末端与末端（或首端与首端）相连。用同样的方法可测出第三相绕组的首末端。

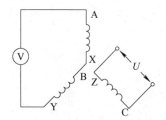

图 4.4.2 定子绕组首末端的判别盒

3. 三相笼型异步电动机的起动

笼型异步电动机的直接起动电流可达额定电流的 $4 \sim 7$ 倍，但持续时间很短，不致引起电动机过热而烧坏。但对容量较大的电动机，过大的起动电流会导致电网电压的下降而影响其他负载的正常运行，因此，通常采用减压起动。最常用的是丫－△换接起动，可以使起动电流减小到直接起动的 1/3，其使用条件是电动机作△联结时铭牌规定的电压与电源电压相同。

4. 三相异步电动机的断相故障

三相异步电动机在起动时，如果三相电源中的一相断开，则变成单相起动，此时定子铁心中产生单相脉动磁场，它不能使电动机产生起动转矩，因此三相异步电动机无法起动。断相的一相电流表无示数，其他两相电流升高，转子左右摆动，有强烈的嗡嗡声。

三相异步电动机在运转时，如果三相电源中的一相断开，三相异步电动机工作在单相运行状态，定子磁场由三相旋转磁场变为单相脉动磁场。这个脉动磁场使电动机的转矩比原来转矩降低了许多，因此三相异步电动机仍可带动较轻负载运行，但是电流会增加，转速会下降，并伴有异常声音和振动现象。另外，断相运行时产生的附加损耗使电动机发热，此时不能再长时间运行，否则会使三相异步电动机因过热而损坏。因此，当电动机在运行中发生断相运行时，应使电动机尽快退出运行。

总之，三相异步电动机的一根线路断路可能导致多种问题，包括设备损坏甚至人员伤亡。为避免这些问题，须采取保护措施，如安装热继电器、熔丝和热过载继电器等，同时应做到定期检查和维护。

4.4.4　实验仪器及设备

序号	名称	型号与规格	数量
1	三相笼型异步电动机	JSDJ35	1 台
2	三相交流电源	380V/220V	1 个
3	交流电流表	1.5A/7.5A/30A	1 块
4	交流电压表	500V	1 块
5	数字钳形电流表	200A/1000A	1 块
6	兆欧表	500MΩ/500V	1 块
7	万用表		1 块

4.4.5　实验内容

1. 三相异步电动机绝缘电阻的测量

用兆欧表测量三相电动机各相绕组之间和每相绕组与壳体之间的绝缘电阻，数据计入表 4.4.1 中。

表 4.4.1　电动机绝缘电阻的测量

各相绕组之间绝缘电阻 /MΩ			各相绕组对机壳的绝缘电阻 /MΩ		
A 相与 B 相	A 相与 C 相	B 相与 C 相	A 相	B 相	C 相

2. 三相异步电动机定子绕组首、末端的判别

按图 4.4.2 所示接线，将控制屏三相自耦调压器旋钮置零位，开启电源总开关，按下起动按钮，调节三相自耦调压器的旋钮，使之输出 100V 电压，根据相串联绕组两端的电压判定其首、末端，再用同样的方法判别第三相绕组的首末端。

判断完毕，将三相自耦调压器旋钮逆时针旋转到底，使之置于零位，按控制屏停止按钮，切断实验线路三相电源。

3. 三相异步电动机的起动

检查三相自耦调压器旋钮是否置于输出电压为零的位置；控制屏上三相电压表切换开关置于"调压输出"侧；根据电动机的容量选择交流电流表合适的量程。

（1）采用 220V 三相交流电源

1）开启控制屏上三相电源总开关，按起动按钮，调节三相自耦调压器旋钮，使输出线电压为 220V，三块电压表指示应基本平衡。保持三相自耦调压器旋钮位置不变，按停止按钮，使三相自耦调压器断电。

2）按图 4.4.3 所示接线，三相异步电动机三相定子绕组△联结，按控制屏上起动按钮，电动机直接起动，观察起动瞬间电流冲击情况及电动机旋转方向，记录起动电流。当起动运行稳定后，将电流表量程切换至较小量程挡位上，记录空载电流。

3）电动机起动之前先断开三相中的任一相，作断相起动，观测电流表读数，记录之，观测电动机是否起动，再仔细倾听电动机是否发出异常的声响。

4）实验完毕，将三相自耦调压器旋钮逆时针旋转到底，使之置于零位，按控制屏停止按钮，切断实验线路三相电源。

（2）采用 380V 三相交流电源

1）开启控制屏上三相电源总开关，按起动按钮，调节三相自耦调压器旋钮，使输出线电压为 380V，三块电压表指示应基本平衡。保持三相自耦调压器旋钮位置不变，按停止按钮，使三相自偶调压器断电。

2）按图 4.4.4 所示接线，三相异步电动机三相定子绕组丫联结。重复本节实验 3.（1）中的步骤，记录起动电流和空载电流，观察断相起动。

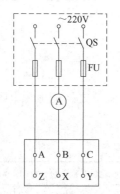

图 4.4.3　三相异步电动机△联结

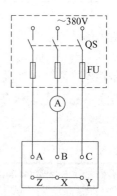

图 4.4.4　三相异步电动机丫联结

3）实验完毕，将三相自耦调压器旋钮逆时针旋转到底，使之置于零位，按控制屏停止按钮，切断实验线路三相电源。

4.4.6　注意事项

1）本实验系强电实验，接线前（包括改接线路）、实验后都必须断开实验线路的电源，特别在改接线路和拆线时必须遵守"先断电，后拆线"的原则。电动机在运转时，电压和转速均很高，切勿触碰导电和转动部分，以免发生人身和设备事故。为了确保安全，接线或改接线路必须经指导教师检查后方可进行实验。

2）电路中的刀开关 QS 和熔断器 FU 可以由控制屏上的开关和熔断器代替，接线时可由 U、V、W 端子开始接线。

3）起动电流持续时间很短，且只能在接通电源的瞬间读取指针式电流表指针偏转的最大读数，（因指针偏转的惯性，此读数与实际的起动电流数据略有误差），如错过这一瞬间，须将电动机停车，待停稳后，重新起动读取数据。

4.4.7　实验报告及问题讨论

1）回答本节预习内容中的思考题。

2）总结对三相笼型异步电动机绝缘性能检查的结果，判断该电动机是否完好可用。

3）根据实验观察到的现象，总结如何正确使用三相异步电动机。

4）三相异步电动机常用的起动方法有几种？各适用于什么场合？

5）三相异步电动机的直接起动电流和运行电流哪个大？三相异步电动机在正常工作时，如果有一相电源断开，会出现什么现象？为什么？

6）总结、归纳本次实验，写出本次实验的收获与体会，包括实验中遇到的问题、处理问题的方法和结果。

4.5　三相异步电动机的点动和单向运转控制

4.5.1　实验目的

1）了解交流接触器、热继电器、按钮、开关等电器的构造和动作原理，熟悉其使用方法及在控制电路中的作用。

2）掌握三相异步电动机的点动控制、单向运转控制电路的工作原理、接线及操作方法。

4.5.2　预习内容

复习常用低压控制电器的工作原理和功能，熟悉各种电器的图形符号；熟悉实验内容，了解热继电器、交流接触器、按钮等的基本结构、工作原理以及使用方法，了解实验的基本方法和注意事项；思考并回答以下问题。

1）在电气自动控制系统中，需要有哪些基本保护措施？这些保护措施如何实现？

2）用接触器控制三相异步电动机后，主电路中的刀开关是否可以省略？为什么？

3）三相异步电动机的点动和单向运转电路中，如果控制电路的两端或一端接在接触器主触点和电动机之间会出现什么问题？

4.5.3　实验原理

用刀开关控制电动机虽然简单，但不方便，特别是在需要经常起动和停车、远距离操纵等场合不适用。如果在刀开关上加装一个衔铁和弹簧，则可以利用电磁铁对衔铁的吸力使刀开关闭合和断开。这种刀开关和电磁铁结合在一起就产生了一种新的控制电器——电磁开关，或者叫作接触器。用接触器、继电器和按钮等控制电器实现对电动机的控制叫作继电—接触控制。由于这些控制电器工作电压符合低压电器的工作电压，所以它们属于低压控制电器。

1.常用低压控制电器

低压电器是指工作在交流电压 1000V 以下、直流电压 1200V 以下电路中的电器设备。低压控制电器主要用于电力传动系统中，这类电器包括继电器、接触器、行程开关等。

继电器是传递信号的电器，按作用原理来分，常见的有电磁型继电器和热继电器，本实验中要用到热继电器。热继电器利用电流的热效应使触点动作，多用于保护电动机电路。热继电器包括发热元件、触点部分、动作机构、再扣复位机构、整定电流调节装置和温度补偿装置。热继电器的动作电流可以调节，当通过负载的电流超过动作电流的 1.2 倍以上时，主双金属片受热向左弯曲推动导板，并通过补偿双金属片与推杆，使热继电器动作。热继电器动作后，经过一段时间的冷却，即可自动或手动复位。

交流接触器是将刀开关和电磁铁结合在一起的一种控制电器，包括电磁系统、触点系统、灭弧装置以及其他部分。电磁系统包括磁铁线圈、铁心和衔铁；触点系统一般包括三对常开主触点和若干对常开、常闭辅助触点。主触点允许通过较大电流，起接通和断开主电路的作用；辅助触点允许通过较小电流，通常用在控制电路中。当交流接触器的电磁线圈通电时，衔铁被吸合，带动常开触点向常闭触点移动，使动、静触点接触。当电磁线圈断电时，电磁力消失，衔铁因受弹力作用回到释放的位置，电路断开。

按钮是一种简单的开关，通常用来发出接通和断开电路的指令，有常开按钮和常闭按钮两种。复合按钮则将常开按钮和常闭按钮装在一起，可以根据需要选择。

2. 电动机的保护电路

（1）过载保护

过载保护电路由在基本控制电路中加上热继电器构成。热继电器的发热元件串接在主回路中，常闭触点串接在控制回路中。热继电器的动作电流整定在电动机的额定电流，当电动机过载运行，且电流超过热继电器的动作电流时，热元件发热，经过一段时间常闭触点断开，从而切断控制回路，接触器主触点断开，使电路失电。

（2）短路保护

短路保护通过在电路中加装熔断器来实现。如果负载短路，将形成很大的电流，使熔断器的熔丝熔断切断电路。

（3）欠电压保护

欠电压保护由接触器本身的电磁机构实现。当电压过低或断电时，接触器铁心线圈所产生的磁力不能吸住衔铁，使触点组复位，实现欠电压保护功能。

3. 三相异步电动机的点动控制

如图 4.5.1 所示为三相异步电动机的点动控制电路。合上三相刀开关 QS 后，因接触器 KM 的主触点尚未闭合，电动机不会运转。按下按钮 SB，控制回路将接通，接触器 KM 的线圈通电，接触器 KM 的主触点闭合，主电路接通，电动机便会起动运转。松开按钮 SB 时，接触器 KM 的线圈断电，衔铁被释放，接触器 KM 的主触点断开，主回路不通，电动机停转。

4. 三相异步电动机的单向运转控制

如图 4.5.2 所示为三相异步电动机的单相运转控制电路。合上三相刀开关 QS 并按下起动按钮 SB1，接触器 KM 的线圈有电流通过，接触器 KM 的主触点闭合，主电路接通，电动机起动运转。接触器 KM 的主触点闭合的同时，与按钮 SB1 并联的接触器常开辅助触点也闭合，所以手松开按钮 SB1 时，控制电路仍然保持接通，接触器 KM 主触点还在吸合位置，电动机继续运转。按下停止按钮 SB2，控制电路断开，接触器 KM 的线圈断电，接触器 KM 的主触点断开，电动机停止转动。

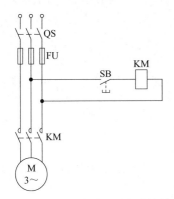

图 4.5.1　三相异步电动机的点动控制电路

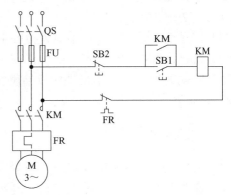

图 4.5.2　三相异步电动机的单向运转控制电路

4.5.4　实验仪器及设备

序号	名称	型号与规格	数量
1	三相笼型异步电动机	JSDJ35	1 台
2	三相交流电源	380V/220V	1 个
3	交流接触器	CJ	1 只
4	热继电器		1 只
5	复合按钮		2 只
6	交流电压表	500V	1 块
7	万用表		1 块

4.5.5　实验内容

三相异步电动机采用△联结，供电线电压为 220V。

1. 三相异步电动机的点动控制

1）在电源断开的情况下，按图 4.5.1 所示连接线路。

2）检查无误后，开启控制屏电源总开关，按起动按钮，调节三相自耦调压器使输出线电压为 220V。

3）按下按钮 SB，观察电动机的工作情况。

4）松开按钮 SB，观察电动机的工作情况。

5）实验完毕，将三相自耦调压器旋钮逆时针旋转到底，使之置于零位，按控制屏停止按钮，切断实验线路三相电源。

2. 三相异步电动机的单向运转控制

1）在电源断开的情况下，按图 4.5.2 所示连接线路。

2）检查无误后，开启控制屏电源总开关，按起动按钮，调节三相自耦调压器使输出线电压为 220V。

3）按起动按钮 SB1，观察电动机的工作情况。

4）按停止按钮 SB2，观察电动机的工作情况。

5）实验完毕，将三相自耦调压器旋钮逆时针旋转到底，使之置于零位，按控制屏停止按钮，切断实验线路三相电源。

4.5.6 注意事项

1）接线、改接线和拆线之前，一定要先断开电源，以免发生事故。

2）连接线路时，先连接主电路，再连接控制电路。

3）电路中的刀开关 QS 和熔断器 FU 可以由控制屏上的开关和熔断器代替，接线时可由 U、V、W 端子开始接线。

4）控制电路从主电路两相接出时必须接在接触器主触点的上方。

4.5.7 实验报告及问题讨论

1）回答本节预习内容中的思考题。

2）总结电动机点动控制和单向运转控制的原理。

3）总结、归纳本次实验，写出本次实验的收获与体会，包括实验中遇到的问题、处理问题的方法和结果。

4.6 三相异步电动机的正反转控制

4.6.1 实验目的

1）掌握异步电动机正反转继电接触控制和电气互锁线路的连接方法。

2）学会分析、排除继电接触控制线路故障的方法，加深对电气控制系统各种保护、自锁、互锁等环节的理解。

4.6.2 预习内容

复习教材中三相交流异步电动机相关内容，了解交流接触器、热继电器和按钮等控制器件结构及动作原理；预习本实验内容，了解自锁和互锁控制原理、作用及应用场合，了解三相交流异步电动机正反转控制原理，了解实验的基本方法和注意事项；思考并回答以下问题。

1）如何实现自锁和互锁控制？起自锁作用和互锁作用的元件有哪些？

2）断相是三相电动机运行中的一大故障，在起动或运转时发生断相，会出现什么现象？有何后果？

3）在控制线路中，短路、过载、失电压、欠电压保护等功能是如何实现的？在实际运行过程中，这几种保护有何意义？

4.6.3　实验原理

电梯的上升与下降、电动伸缩门的开与关、机床工作台的前进与后退、起重机的上升与下降等都有正反两个方向的运动，这就要求带动它们运动的电动机能够实现正反转控制。电动机要实现正反转控制，将其电源的相序中任意两相对调即可，这被称为换相。通常是 V 相不变，将 U 相与 W 相对调，为了保证两只接触器动作时能够可靠调换电动机的相序，接线时应使接触器的上口接线保持一致，在接触器的下口调相。由于将两相相序对调，故须确保两只接触器线圈不能同时得电，否则会发生严重的相间短路故障，因此必须采取联锁。为安全起见，常采用按钮联锁（机械）与接触器联锁（电气）的双重联锁。使用了按钮联锁，即使同时按下正反转按钮，调相用的两接触器也不可能同时得电，机械上避免了相间短路。另外，由于应用的接触器联锁，所以只要其中一只接触器得电，其长闭触点就不会闭合。这样在机械、电气双重联锁的应用下，电动机的供电系统不可能相间短路，从而有效地保护了电动机，同时也避免在调相时相间短路造成事故，烧坏接触器。

1. 一般控制电路的要求

1）能对电动机作正或反方向运转的控制。

2）控制电路要有互锁功能，以保证电动机和控制电路的正常工作。

3）能随时使电动机停止运转。

4）线路具有短路、过载和失电压、欠电压保护等功能。

2. 自锁和互锁控制

在控制回路中常采用接触器的辅助触点来实现自锁和互锁控制。要求接触器线圈得电后能自动保持动作后的状态，这就是"自锁"，通常用接触器自身的常开触点与起动按钮相并联来实现，以达到电动机的长期运行，这一常开触点称为"自锁触点"；而在同一时间里只允许两只接触器中的一个工作的控制电路称为"互锁"控制。为了避免正反转两只接触器同时得电而造成三相电源短路事故，必须增设互锁控制环节。为操作的方便，也为防止因接触器主触点长期大电流的烧蚀而偶发触点粘连后造成的三相电源短路事故，通常在具有正、反转控制的线路中采用既有接触器的常闭辅助触点的电气互锁，又有复合按钮机械互锁的双重互锁的控制环节。

3. 正反转控制电路

本实验给出两种不同的正反转控制线路。

（1）电气互锁的正反转控制线路

如图 4.6.1 所示，从图中左侧虚框的构成可以看出，该控制电路中，采用两只接触器，即正转接触器 KM1 和反转接触器 KM2，它们触点接法不同，当接触器 KM1 的三对主触点接通时，三相电源的相序按 U—V—W 接入电动机。当接触器 KM1 的三对主触点断开，接触器 KM2 的三对主触点接通时，三相电源的相序按 W—V—U 接入电动机，电动机就向相反方向转动。

电路要求接触器 KM1 和接触器 KM2 不能同时接通电源，否则它们的主触点将同时闭合，造成 U、W 两相电源短路。为此在 KM1 和 KM2 线圈各自支路中相互串联对方的一对辅助常闭触点，以保证接触器 KM1 和 KM2 不会同时接通电源，以达到电气互锁的目的，KM1 和 KM2 的这两对辅助常闭触点在线路中所起的作用称为联锁或互锁，这两对辅助常闭触点就叫联锁 / 互锁触点。

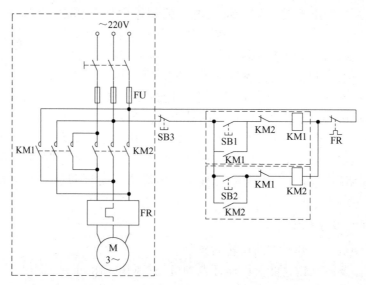

图 4.6.1　电气互锁的正反转控制线路

　　图 4.6.1 中 SB1、SB2 分别为正、反转控制按钮，SB3 为停止按钮，FR 为热继电器。KM1 和 KM2 分别由正转按钮 SB1 和反转按钮 SB2 控制。控制电路有两条，如图 4.6.1 所示右侧两个虚线框所示，一条是由按钮 SB1 和 KM1 线圈等组成的正转控制电路；另一条是由按钮 SB2 和 KM2 线圈等组成的反转控制电路。按下按钮 SB1，接触器 KM1 得电并自锁，电动机正转，此时按下按钮 SB2，由于控制电路 KM1 的常闭触点已断开，因此 KM2 不能得电。电动机要反转时，必须先按停止按钮 SB3，使 KM1 失电，其常开触点闭合，然后按下按钮 SB2，KM2 才能得电，使电动机反转。这种控制电路在频繁换向时，操作不方便。

　　（2）电气和机械双重互锁的正反转控制线路

　　如图 4.6.2 所示，该控制电路中除电气互锁外，还采用复合按钮 SB1 与 SB2 代替单触点按钮组成机械互锁环节，并将复合按钮的常闭触点分别串接于对方接触器控制电路中，在接通一条电路的同时，可以切断另一条电路。这是因为复合按钮触点的动作规律是：当按下时，其常闭触点先断，常开触点后合；当松手时，则常开触点先断，常闭触点后合。例如当电动机正转时，按下 SB2，即可不用停止按钮过渡而直接控制进入反转状态。

　　注意：这种按钮控制直接正反转电路仅适用于小容量电动机，且拖动的机械装置转动惯量较小的场合。

　　4. 故障保护

　　在电气控制线路中，最常见的故障发生在接触器上。接触器线圈的电压等级通常有 220V 和 380V 等，使用时必须认清，切勿疏忽，否则，电压过高易烧坏线圈，电压过低又会造成吸力不够、不易吸合或吸合频繁等故障，不但会产生很大的噪声，还会因为气隙增大而致使电流过大，也易烧坏线圈。此外，在接触器铁心的部分端面嵌装有短路铜环，其作用是使铁心吸合牢靠，消除颤动与噪声，若发现短路环脱落或断裂现象，接触器将会产生很大的震动与噪声。在电动机运行过程中，应对可能出现的故障进行保护。

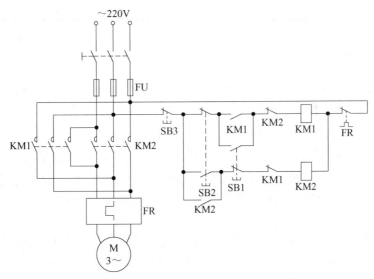

图 4.6.2　电气和机械双重互锁的正反转控制线路

（1）短路保护

采用熔断器作短路保护，当电动机或电器发生短路时，及时熔断熔体，达到保护线路、保护电源的目的。熔体熔断时间与流过电流的关系称为熔断器的保护特性，这是选择熔体的主要依据。

（2）过载保护

采用热继电器实现过载保护，使电动机免受长期过载的危害。其主要的技术指标是整定电流值，即电流超过此值的 20% 时，其常闭触点应能在一定时间内断开，切断控制回路，动作后只能由人工进行复位。

（3）欠电压保护

欠电压保护由接触器本身的电磁机构实现。当电压过低或断电时，接触器铁心线圈所产生的磁力不能吸住衔铁，使触点组复位，实现欠电压保护功能。

4.6.4　实验仪器及设备

代号	名称	型号	规格	数量
QF	低压断路器	DZ47-63	D10A	1 只
KM1 KM2	交流接触器	CJ20	AC 220V	2 只

（续）

代号	名称	型号	规格	数量
SB1 SB2 SB3	按钮	LA38		3 只
FR	热继电器	JRS2	1.1A	1 只
M	三相笼型异步电动机	JSDJ35	380V/180W	1 台

4.6.5 实验内容

在实验台上找到交流接触器、热继电器和按钮等控制器件，了解其结构及动作原理，并用万用表判断上述各种器件的线圈、触点等对应的接线柱端子。

1. 电气互锁的正反转控制电路

1）按图 4.6.1 所示正确连接线路，电动机采用三角形（△）联结。

2）在断电的情况下，检查主电路接线无误后，用万用表欧姆挡对控制电路进行检查，若测得的电阻值与接触器线圈电阻值接近，则说明控制电路连接正确（无短路和断路），可以准备通电。

3）开启控制台电源总开关，调节三相自耦调压器旋钮，使输出线电压为 220V。

4）按正转起动按钮 SB1，观察并记录电动机运转情况；若正常，按反转起动按钮 SB2，观察电动机正反转电路互锁情况，即接触器 KM2 是否动作；按停止按钮 SB3，观察电动机是否停转。

5）按反转起动按钮 SB2，观察电动机是否改变转向；若正常，按正转起动按钮 SB1，观察接触器 KM1 是否动作，即互锁是否有效。

6）按停止按钮 SB3，使电动机停转后，切断控制台电源。

2. 电气和机械双重互锁的正反转控制电路

按图 4.6.2 所示正确连接线路，并对照电路图对控制电路进行检查，确保正确无误后再进行下列操作。

1）接通电源开关，按正转起动按钮 SB1，观察电动机转动情况和接触器动作情况，按停止按钮 SB3 使电动机停转。

2）按正转或反转起动按钮 SB1 或 SB2，依照本节实验内容"1"中的 4）、5）进行操作，观察该电路与电气互锁控制电路有何不同。

3）观察失电压与欠电压保护。

首先，按起动按钮 SB1 或 SB2，使电动机运转正常后，按控制平台上的红色停止按钮，断开实验线路三相电源，模拟电动机失电压（或零压）状态，观察电动机与接触器的动作情况，随后再按控制平台上的起动按钮，接通三相电源，但不按控制电路中的按钮 SB1（或 SB2），观察电动机能否自行起动。

其次，重新起动电动机后，逐渐减小三相自耦调压器的输出电压，直至接触器释放，观察电动机是否自行停转（欠电压保护电路是否起作用）。

4）实验完毕，将三相自耦调压器调回零位，按控制台停止按钮，切断实验线路三相供电电源。

4.6.6　注意事项

1）本实验系强电实验，接线前（包括改接线路）、实验后都必须断开实验线路的电源，特别是改接线路和拆线时必须遵守"先断电，后拆线"的原则。为了确保安全，接线或改接线路时必须经指导教师检查后方可进行实验。

2）电动机在运转时，电压和转速均很高，切勿触碰导电和转动部分，以免发生人身和设备事故。

3）接触器线圈的电压等级通常有 220V 和 380V 等，使用时必须认清，否则，电压过高易烧坏线圈；电压过低则吸力不够或吸合频繁，不但会产生很大的噪声，还会使气隙增大，致使电流过大，也容易烧坏线圈。

4.6.7　实验报告及问题讨论

1）总结对三相笼型异步电动机绝缘性能检查的结果，判断该电动机是否符合正常使用标准。

2）对三相笼型异步电动机的起动、反转情况进行分析，该控制电路具有哪些保护功能？

3）总结用万用表检查控制电路的方法。实验过程中是否出现故障？如何检查和排除故障？

4）在电动机正反转控制线路中，为什么必须保证两只接触器不能同时工作？采用哪些措施可解决此问题？这些方法有何利弊？最佳方案是什么？

5）总结、归纳本次实验，写出本次实验的收获与体会，包括实验中遇到的问题、处理问题的方法和结果。

JSDG-1型电工技术实验台简介

JSDG-1型电工技术实验台由主控制屏、实验桌和若干实验挂箱组合而成，其整体结构如附图1-1所示。主控制屏正面分为电源部分、仪表部分、实验仪器部分和实验挂箱部分四个功能区。

附图1-1　JSDG-1型电工技术实验台

1. 实验台基本参数及整机综合保护装置

1）工作电源：三相四线（或三相五线）AC 380(1±10%)V/50Hz。

2）工作环境：温度：-10～+40℃，相对湿度：≤85%（25℃）。

3）整机容量：<1.5kV·A

4）漏电保护：采用双重的漏电保护装置。电压型漏电保护装置：由光电隔离电路和比较器电路完成，实时监测机壳电压，一旦超过设定值电路会以ms级动作迅速切断电源。电流型漏电保护装置：采用零序电流互感器实时监测剩余电流（即漏电电流），一旦超过设定值，装置能在0.1s内断开电源，符合GB 16917.1、IEC 61009-1。

以上为实验台基本参数，以下为实验台整机综合保护装置。

1）过电压保护：当相电压达300V及以上时，即进行过电压保护。

2）双重漏电保护：当机壳对中性线电压达到或超过70V或漏电电流≥30mA时，整机进行漏电保护。

3）过电流、短路保护：AC过电流保护电流（2.8～3A），DC过电流保护电流（3～3.5A）。

4）浪涌保护：系统在多处设有 TVS 管，能够有效吸收电网或自身生产的浪涌电压或电流，能够有效保护自身电路正常有效工作。

5）自我诊断功能：系统在接通电源的第一刻，就会检测是否有漏电、过电压及内部故障，如果有问题会发出报警信息，并切断相应的供电，以保证设备和人员安全。

6）系统预留接口：系统预留无线、远程控制接口，可以和无线控制系统与网络控制系统连接，各种报警信号均可以输出给第二系统。

2. 电源部分

（1）三相交流可调电源

三相交流可调电源配有一台 1.5kV·A 三相同轴联动自耦调压器，提供单相 0～250V和 0～430V 连续可调三相交流电压，并配有三块指针式交流电压表，通过开关切换（见附图 1-2），可实时显示实验台的电网电压或三相调压器的输出电压值。在三相交流输出端安装过电压、过电流、短路及漏电等保护装置，保护设备的使用安全。

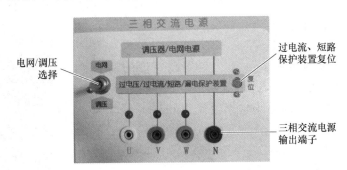

附图 1-2　JSDG-1 型实验台三相交流电源

（2）智能数控直流恒压源

智能数控直流恒压源配有两路，采用高速度的微机控制，配有三位半数显表头指示，电压调节旋钮采用编码器开关调整，如附图 1-3 所示，最小输出电压为 0V，最大输出电压为 32V，调整过程中小数点位置自动切换，并具有 U/I 切换功能，精度 0.5%，最大输出电流为 1A。该恒压源还具有短路保护、报警功能，短路后系统进入保护状态，显示表头显示 "E"，并带有蜂鸣器报警。此时按 U/I 键解除保护，恢复到正常状态。

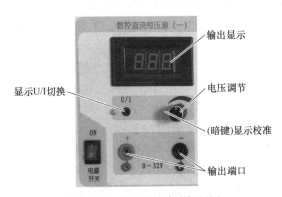

附图 1-3　智能数控直流恒压源

功能操作及使用说明：

1）开机：实验台接通电源后，按下启动按钮，数控直流恒压源接通电源，打开电源开关，此时输出显示为 0.00V。

2）调节输出电压：向右调节电压调节旋钮，输出电压会逐渐上升。当前电压比较低，当需要比较高的输出电压时，可使用快加功能，即先向右旋动一下调节旋钮，系统知道电压要上调，此时按动调节旋钮，电压会大步上升，接近需要的电压值时，再用旋钮微调至需要的电压值。需要快减时，先向左旋动一下调节旋钮，再按动调节旋钮，电压会大步下降，接近需要的电压值时，再用旋钮微调至需要的电压值。

3）输出显示切换：恒压源接通电源时，默认显示输出电压值，按动面板上的 U/I 切换键，可以切换显示输出电压值或电流值，左侧 LED 指示灯显示当前状态，电压单位 V，电流单位 A。

4）校准：当需要校准显示时，打开电源开关，把标准电压表并联在恒压源的输出端口上，调整电压调节旋钮，使输出电压在标准电压表上显示为 6V 和 18V 时，用万用表表笔笔尖长按旋钮左边的暗键，直到听到蜂鸣器响，松开该暗键，此时显示值和标准表显示一致，校准数值存入系统。

（3）智能数控直流恒流源

智能数控直流恒流源配有一路，采用高速度的微机控制，配有三位半显示表头指示，电流调节旋钮采用编码器开关调整，如附图 1-4 所示，最小输出电流为 0mA，最大输出电流为 200mA，调整过程中小数点位置自动切换，显示精度 0.5%。该恒流源具有全方位的保护功能，如过电流、过电压、过载、开路等多重保护，并带有声光报警。

智能数控直流恒流源功能操作与智能数控直流恒压源类似。

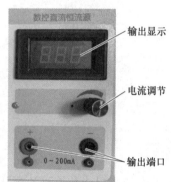

附图 1-4　智能数控直流恒流源

3. 仪表部分

仪表部分配有智能 500V 交直流两用电压表两块、智能交直流两用电流表两块（量程 5A 和 1000mA 各一块）和智能功率、功率因数表一块。

1）500V 智能交直流两用电压表：输入阻抗 5MΩ，量程分别为 10V（最大显示 9.9999V）、100V（最大显示 99.999V）和 500V（最大显示 500.00V）。

2）1000mA 智能交直流两用电流表：输入阻抗 0.5Ω，量程分别为 9.9999mA、99.999mA、1000.0mA。

3）5A 智能交直流两用电流表：输入阻抗 0.1Ω，量程为 0 ～ 5A。

以上所述电压表和电流表外观如附图 1-5 所示，可由液晶屏显示测量性质（交流通道 AC/ 直流通道 DC）及测量数值，测量数值占六位，其中第一位是符号位；通过人机界面可以设置换挡模式（手动或自动），具有软件调零、软件校准、通信地址设置、滤波级数设置、测量通道设置（交流、直流、自动判断）和超量程报警等功能。各表不确定度（测量精度）：直流 1×10^{-3}，交流 2×10^{-3}。

测量状态下按 "SET" 键进入设置菜单，延时返回测量状态。测量状态下菜单功能及操作说明见附表 1-1。

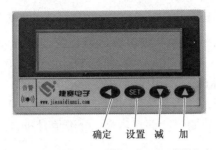

附图 1-5 JSDG-1 型实验台智能交直流电压表和电流表外观

附表 1-1 测量状态下菜单功能及操作说明

操作	功能	操作	功能	操作
按 SET 键 1 次	设置量程模式	按▲或▼	选择量程模式：HA-AUt 自动模式、HA-HAL 手动模式（默认自动模式）	① 按◀ ② 出现随机数后，连续按 5 次▲ ③ 按◀
按 SET 键 2 次	设置测量通道	按▲或▼	选择测量通道：CH-AUt 自动模式、CH--AC AC 通道、CH--dC DC 通道（默认自动模式）	
按 SET 键 4 次	设置测量单位	按▲或▼	选择测量单位（默认单位：电流 mA、电压 V）	
按 SET 键 3 次	设置滤波级数	按▲或▼	选择滤波级数，分 1～9 级，默认值"01"，数值越大显示越稳定，但测量速度越慢	按◀
按 SET 键 6 次	设置背光亮度	按▲或▼	选择背光亮度，分 0～9 级，默认值"09"，数值越大背光越亮，0 关闭	按◀

　　4）智能功率、功率因数表。该表由专用芯片、高速单片机及液晶显示构成，通过软硬件相结合，可以测量如下参数：交流电压值、交流电流值、有功功率、无功功率、视在功率、功率因数、电路性质（感性、容性或阻性）判断、频率和电量等。采用液晶显示测量参数，能够通过按键切换显示不同参数及参数单位。交流电压、电流具有 5 位显示能力，最小分辨率为 0.1mV 或 0.1mA，其他参数均为 4 位显示。交流电压量程范围 0～500V，交流电流量程范围 0～5A，不确定度（Urel）优于 1×10^{-3}，全量程相对误差小于 0.25%。通过按键及液晶窗口实现人机交互，能够设置上电首个要测量的参数、电流单位 A 或 mA、背光亮度及通信地址。

　　上电直接进入测量状态（显示设置首个测量参数，如 U）。测量状态下按"SET"键进入设置菜单，延时返回测量状态。测量状态下菜单功能及操作说明见附表 1-2。

附表 1-2 测量状态下菜单功能及操作说明

操作	功能	操作	功能	操作
按 SET 键 1 次	设置上电首个要显示的参数	① 按◀ ② 出现随机数后，连续按 5 次▲ ③ 按◀ ④ 按▲或▼	选择上电首个显示参数（U 电压值，I 电流值，C 功率因数，P 有功功率值）	按◀返回测量状态
按 SET 键 2 次	设置电流显示单位		选择电流值单位 A 或 mA，默认是 A	
按 SET 键 3 次	RS485 总线通信地址设置		选择通信地址（01～99）	
按 SET 键 4 次	设置背光亮度		选择背光亮度（00～09），00 背光关，09 最亮	

4. 实验仪器部分

带数字频率计的函数信号发生器输出波形有正弦波、方波（占空比可调）、三角波和锯齿波，各波形幅值：V_{pp}：0～20V；频率范围：正弦波 0～10MHz，三角波和方波 0～1MHz，锯齿波 0～10kHz；输出带有幅值衰减功能 0dB、20dB、40dB，还能够改变频率显示单位（Hz/kHz/MHz）。带数字频率计的函数信号发生器外观如附图 1-6 所示，采用液晶屏显示，自带频率计功能，能够对内部 / 外部信号进行频率测量。具体操作如下：

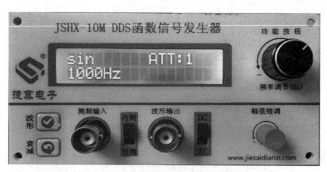

附图 1-6 带数字频率计的函数信号发生器外观

（1）当作信号源使用

1）改变输出波形：上电后默认输出 1kHz 的正弦波，按"波形"键，会依次输出三角波、方波和锯齿波。

2）改变波形幅值：按"衰减"键，幅值会衰减 10 倍或 100 倍，液晶屏上面显示"ATT 10"表示衰减 10 倍，显示"ATT 100"表示衰减 100 倍。旋转"幅值细调"旋钮可细调幅值的大小。

3）改变波形的频率：左右旋转"频率调节"按钮，波形频率会以"1Hz"为最小单位加或减，按一下"频率调节"按钮，液晶屏显示频率的相应位会闪烁，例如现在输出频率是 1000Hz，当按一下"频率调节"按钮时，1000 中个位的 0 闪烁，说明现在旋转"频率调节"按钮会以"1Hz"进行调节，再按一下"频率调节"按钮时，1000 中十位的 0 闪烁，说明现在旋转"频率调节"按钮会以"10Hz"进行调节，再按一下"频率调节"按钮时，1000 中百位的 0 闪烁，说明现在旋转"频率调节"按钮会以"100Hz"进行调节。以此类推可以实现较大范围的频率调节。

4）改变频率显示单位：长按"频率调节"按钮 5s，液晶屏显示"UNIT：Hz"，旋转"频率调节"按钮会显示"kHz"和"MHz"循环，当显示到某个单位时，按"波形"键（也是确认键），那么频率显示就按此单位显示，如调成"kHz"时，那么显示频率就成了以"kHz"为单位显示了。

5）改变输出方波的占空比：长按"频率调节"按钮 5s，液晶屏会显示"UNIT： Hz"，再按一次"频率调节"按钮，显示"PW： %"，此时旋转"频率调节"按钮会改变方波占空比，如调成"PW：25%"，那么输出的方波会按占空比 25% 输出，这时如果按 AC 输出，波形上下会不对称。此设置只对方波有效，其他波形忽略。

6）改变各种波形频率输出上限：长按"频率调节"按钮 5s，液晶屏显示"UNIT： Hz"，再按一次"频率调节"按钮，显示"PW： %"，再按一次"频率调节"按钮，显示

"MAX SIN FRQ"，即为设置正弦波的频率上限，此时旋转"频率调节"按钮会改变正弦波的频率上限值，每旋转一下变化 100kHz，三角波和方波设置方法与正弦波一样。

注意： 正弦波最高 10MHz，最低 200kHz；三角波和方波最高 1MHz，最低 200kHz；锯齿波最高 10kHz 不用设置。

（2）当频率计用

把"内测外测"按键拨到外测，在"测频输入"端输入信号，即可测量输入信号频率。

5. 实验挂箱部分

实验台已开发电工技术、电路分析、电机拖动、电力电子等实验挂箱，与电源、仪表和仪器部分配合基本上可完成本书所介绍的实验。

参 考 文 献

[1] 华南师范大学物理系 . 电工学 [M]. 3 版 . 北京：高等教育出版社，2001.

[2] 雷勇，宋黎明 . 电工学：上册 电工技术 [M]. 2 版 . 北京：高等教育出版社，2017.

[3] 田葳，等 . 电工技术：电工学 I [M]. 3 版 . 北京：高等教育出版社，2023.

[4] 林育兹，等 . 电工学实验 [M]. 2 版 . 北京：高等教育出版社，2016.

[5] 杨华，肖军，等 . 电工学实验教程 [M]. 北京：高等教育出版社，2022.

[6] 刘凤春，王林，等 . 电工学实验教程 [M]. 2 版 . 北京：高等教育出版社，2019.

[7] 杨风，等 . 电工学实验 [M]. 2 版 . 北京：机械工业出版社，2013.

[8] 邱关源，罗先觉 . 电路 [M]. 5 版 . 北京：高等教育出版社，2006.

[9] 傅恩锡，等 . 电路分析简明教程 [M]. 3 版 . 北京：高等教育出版社，2020.

[10] 王超红，等 . 电路分析实验 [M]. 北京：机械工业出版社，2015.

[11] 闫若颖，李嬿，等 . 电路与电工实验教程 [M]. 北京：中国电力出版社，2010.

[12] 李丽敏 . 电路分析基础 [M]. 北京：机械工业出版社，2022.